图像配准中的
若干问题研究

U0251672

上官晋太／著

四川大学出版社

项目策划：李思莹　胡晓燕
责任编辑：胡晓燕
责任校对：周维彬
封面设计：墨创文化
责任印制：王　炜

图书在版编目（CIP）数据

图像配准中的若干问题研究 / 上官晋太著． — 成都：
四川大学出版社，2020.12
ISBN 978-7-5690-4009-8

Ⅰ．①图… Ⅱ．①上… Ⅲ．①图像处理－研究 Ⅳ．
① TN911.73

中国版本图书馆 CIP 数据核字（2020）第 254912 号

书　名	图像配准中的若干问题研究
著　者	上官晋太
出　版	四川大学出版社
地　址	成都市一环路南一段 24 号（610065）
发　行	四川大学出版社
书　号	ISBN 978-7-5690-4009-8
印前制作	四川胜翔数码印务设计有限公司
印　刷	四川盛图彩色印刷有限公司
成品尺寸	170mm×240mm
印　张	9.25
字　数	177 千字
版　次	2020 年 12 月第 1 版
印　次	2020 年 12 月第 1 次印刷
定　价	48.00 元

四川大学出版社
微信公众号

前　言

图像配准是数字图像处理中一个基本的问题，多少年来人们一直保持着对它的研究热情。图像配准是目标识别、图像重建、机器人视觉等领域的关键技术之一，一般可以分为基于灰度信息的方法和基于特征的方法。前者中基于互信息的方法最为大家所熟知，后者中基于点特征的方法最为基础和常见。本书共五章，具体内容安排如下：

第 1 章主要讨论了一些图像配准的基本知识，介绍了图像配准的方法、过程及在现实中的具体应用实例，按照图像配准的基本步骤对现有的图像配准技术进行了总结和分类。由于本章主要从总体上对配准方法进行考察和分析，因此没有对各种方法实现的具体细节进行过多讨论，也没有对各种方法的配准结果进行详细的分析比较。这一章是本书的基础部分。

第 2 章主要对图像的空间变换和插值运算进行了讨论，介绍了最常用的空间变换方法——仿射变换和透视变换，最常用的灰度插值方法——最近邻插值法、线性插值法和三次卷积插值法，以及薄板样条插值法。薄板样条插值法是一种空间插值方法，在非刚体点匹配中的应用很普遍。

第 3 章首先对几种配准测度的性能进行了分析和比较。然后详细讨论了基于信息熵的配准方法。这种方法有较高的配准精度，但也存在对图像空间信息利用不足的问题。本章用人工合成的图像进行了配准实验，以此来说明信息熵配准法的这一不足。本章用数理统计的方法研究了不同配准测度和重叠面积变化的关系，这样的研究将有助于在多模态图像配准中对配准测度的选择。最后讨论了互信息配准中插值方法的选择等。

第 4 章首先讨论了在非刚体点匹配的过程中最常用的优化算法，即模拟退火算法，并用实例说明了此算法的应用过程。然后讨论了非刚体点匹配中点对应关系的确定问题。最后讨论了预点集中心对齐的非刚体点匹配算法，此方法比直接进行匹配的效果更好，其后的仿真实验验证了上述方法的可行性和有效性。

第 5 章讨论了形状上下文在非刚体点匹配中的应用，用具体的点集来说明用形状上下文进行非刚体点匹配的过程和步骤，对形状上下文中起关键作用的两个参数——径向分割点位置分布和一周内分割的扇形个数对非刚体点匹配的影响进行了分析和讨论，并用实例说明了两个参数的改变对非刚体点匹配结果的影响。

限于作者的学识水平，书中难免存在不足之处，希望大家批评指正。

作　者
2020 年 5 月于山西长治

目　　录

第 1 章　图像配准的基本知识

图像配准就是将两幅图像中表达同一结构的像素点进行空间上的对齐，在现实生活中有着广阔的应用前景。图像配准技术由来已久，是图像处理中的重要内容。在进行图像融合、图像对比分析和目标识别时首先要进行图像配准，图像配准的质量直接影响到相关图像处理的结果。本章就图像配准的基本知识和一般的配准过程进行讨论，为后续章节的展开奠定基础。

1.1　多模态图像信息融合技术

多种成像模式产生的图像会表现出不同的分辨率、不同的灰度属性等差异，它们通常被称为多模态图像。近年来，多模态图像信息融合已成为图像理解和计算机视觉领域中一项重要而有用的新技术。图像融合是一项综合同一场景多源图像信息的技术。来自多个传感器的不同模态图像能够提供互补或冗余的信息，利用冗余信息可以改善信噪比并且获得更为可靠的结果。同样，利用互补信息可使获得的融合图像包含更丰富的细节。由于利用了来自多个传感器的不同模态的图像，所以融合后的图像对场景的描述比任何单一模态的图像都更加全面、精确。融合后的图像更符合人和机器的视觉特性，更加有利于诸如目标识别、特征提取等进一步的图像处理。在不利的环境条件下（如烟、雾、雨、低照明、运动等）或者当一个图像传感器不能够提供用于目标识别或场景描述的足够信息时，通过图像融合，我们仍可获得较满意的图像效果。随着传感器技术和计算机计算能力的提高，多模态图像信息融合技术的应用领域也越来越广泛。

在军事领域，以多模态图像信息融合技术为核心内容的战场感知技术已成为现代战争中最具影响力的军事高新技术。20 世纪 90 年代，美国海军在SSN691（孟菲斯）潜艇上安装了第 1 套图像融合样机，可使操纵手在最佳位置上直接观察到各传感器的全部图像。1998 年 1 月 7 日，美国《防务系统月刊》（电子版）报道，美国国防部已授予 BTG 公司 2 项合同，其中一项就是美国空军的图像融合技术合同。图像融合技术能给司令部一级指挥机构和网络提供比较稳定的战场图像。

在遥感领域，大量遥感图像的融合能让我们更方便、更全面地认识环境和自然资源，其成果被广泛应用于大地测绘[1]、植被分类与农作物生长态势评估[2]、天气预报、自然灾害检测等方面[3]。1979 年，Daily 等[4]报道了有关把雷达图像（SIR-A）和 Landsat-MSS 的复合图像应用于地质解释方面的消息。1981 年，Laner 和 Todd[5]进行了 Lansat-RBV 和 MSS 数据的融合实验，Landsat-TM 和 SPOT-HRV 数据的成功接收与深入应用，引发了人们对多遥感数据融合研究更普遍的关注。随着 20 世纪 90 年代多颗雷达卫星（JERS-1、ERS-1 和 Radarsat）的发射升空，图像融合更成为遥感和相关学科领域的研究热点。1999 年 10 月 14 日，由我国和巴西联合研制的"资源一号"卫星发射升空，卫星上安装了我国自行研制的 CCD 相机和红外多光谱扫描仪，这两种航天遥感器之间可进行图像融合，大大扩展了卫星的遥感应用范围。归纳起来，多模态图像信息融合技术在遥感方面的主要应用有：

（1）测绘——制作图像专题图和地图更新等；

（2）地质——矿藏探测、地质结构分析、岩性识别与分类和地质测量等；

（3）农业——土地利用分类，农作物、森林分类等；

（4）气象——冰雪监测、洪水监测等。

在医学领域，利用多模态图像信息融合技术，可以把多种成像模式下所形成的医学图像信息融合成一个新的影像模式，从而改善图像质量，增加病灶或感兴趣部位的可视性，有助于临床诊断、放射治疗计划的制订和评价。X 射线计算机断层成像技术（computed tomography，CT）、磁共振成像（magnetic resonance imaging，MRI）和正电子发射断层成像（positron emission tomography，PET）图像的融合提高了计算机辅助诊断能力。2001 年 11 月 25 日—30 日，在美国芝加哥召开的北美放射学会年会（RSNA）上，GE 公司医疗系统部展销了其产品 Discovery LS，它是 GE 公司于 2001 年 6 月推出的 PET/CT，是当时世界上最好的 PET 与最高端的多排螺旋 CT 的一个完美结合，具有单体 PET 不能比拟的优势。它可以完成能量衰减校正、正电子发射断层成像（PET）与形态解剖影像（CT）的同机图像融合，使检查时间成倍地降低。

当代科学技术的发展促成了多种医用成像系统的诞生，使人们可以利用不同的成像方式，从不同的角度观察人体内部同一个对象的结构和代谢情况。在过去的数十年间，医学成像技术取得了飞速发展，如 X 射线计算机断层成像技术（CT）、超声（ultrasonic sound，US）、磁共振成像（MRI）、功能磁共振成像（function magnetic resonance imaging，fMRI）、数字减影血管造影（digital subtraction angiography，DSA）、正电子发射断层成像（PET）、单光子发射计算机断层成像技术（single photon emission-CT，SPECT）等多种先进的影像技术已经在临床上获得了成功应用，成为医学研究、检查和治疗的必备和常规手段。随着多种医学图像模式的出现和广泛应用，对能够综合利用这些多模式的医学图像信息的融合技术的研究日益受到人们的关注。按照所提供的信息类型，医学图像可以分为两大类：结构性图像和功能性图像。不同模式的医学图像提供的信息既具有互补性也具有冗余性。对它们所提供的大量信息，必须作为一个整体来解释和利用，才能在临床诊断、治疗计划与疗效的评价等方面取得最佳效果。对于一个特定的临床应用来说，有的利用一种图像就可以提供所需的全部诊断和治疗信息；有的则需要拿不同时间获得的同一个成像模式的多幅图像或序列图像做对比分析（对有些疾病，还要利用多种模式图像提供的信息才能够进行正确的分析与诊断）；有些时候，也需要比较病人和正常人（如图谱）之间的图像，确定是否存在病理改变以做出诊断。使用多模态医学图像信息不仅可以更好地支持临床诊断和治疗活动，而且在某些情况下还是正确实施治疗的前提条件。这种多模态医学图像信息的综合利用称为医学图像信息融合。

医学图像信息融合作为信息融合技术的一个重要分支，自 20 世纪 90 年代起就受到了国际学术界的广泛重视。该技术是当代医学图像领域的前沿课题，主要研究内容包括：

（1）反映结构的图像的融合；

（2）时间序列图像的融合；

（3）反映结构和反映功能的图像的融合。

国外已经有相当多的研究人员开展了这方面的研究工作。其中研究较多的是 CT 与 MRI 图像的融合，CT 或 MRI 与 PET、SPECT 图像的融合，以及 MRI 与脑电图（electroencephalographers，EEG）的融合，已经取得了许多可喜的成绩，并发表了一些有价值的学术论文。其中有些技术已经在临床上获得了成功应用。国际医学界认为，这种医学图像信息融合技术对未来医学的发展，特别是对神经功能疾病的早期诊断，对神经功能和大脑活动、思维活动实际过程的研究具有深远的影响。如对脑部肿瘤进行立体定向放射治疗时，通常根据 CT 图像制订治疗计划。CT 图像具有良好的分辨率，骨骼成像非常清晰，可为病灶的定位提供良好的参照。但是某些肿瘤和人脑的正常结构在 CT 图像上会显示不清或根本没有显示，因此若仅用 CT 图像，对病变的范围和程度就会估计不足，达不到预期的疗效。其他一些图像模式，如 MRI、PET 等图像，虽然空间分辨率比不上 CT 图像，但是它们对软组织成像清晰，能够清晰地显示肿瘤或结构，有利于病灶范围的确定。它们的不足是缺乏刚性的骨组织作为定位参照，病灶的定位精度不高。将 CT 和 MRI 图像融合后，可以提供对肿瘤和关键结构的精确定位。由此可见，合理、充分地利用两者的综合信息，可以提高诊断治疗的效果。不同模态医学图像信息的综合利用领域还有颅脑手术可视化、外科手术计划、模拟及术中引导，以及治疗效果的回顾性评价研究等。

在网络安全领域，多尺度图像融合技术可将任意的图像水印添加到载体图像中，以确保信息安全。

1.2　多模态图像的配准

1.2.1　图像配准的定义

由于各传感器通过的光路不同或成像模式不同等，图像间可能出现相对平移、旋转、比例缩放等，不能直接进行融合，而必须先进行图像配准，以建立像素之间的一一对应关系。图像配准就是对不同时间、不同视场、不同成像模式的两幅或多幅图像进行空间几何变换，使得各个图像在几何位置上能够匹配。图像配准的主要目的是去除或抑制待配准图像和参考图像之间的不一致，包括平移、旋转和形变。它是图像分析和处理的关键步骤，是图像融合的必要前提。配准技术主要应用于遥感图像处理、医学图像处理、制图学、计算机视觉、目标识别和军事目的等。

对在不同时间、不同视场、不同成像模式等条件下获取的两幅图像进行配准处理，就要定义一个配准测度函数，并寻找一个空间变换关系，使得经过该空间变换后，两幅图像间的相似性达到最大（或者差异性达到最小），即两幅图像达到空间几何上的一致。我们用 $I_1(\cdot)$ 和 $I_2(\cdot)$ 表示待配准的两幅图像，

（·）表示图像可能为 2D（dimensional）或 3D，当配准的是 2D 图像时，$I_1(\cdot) = I_1(x,y)$，$I_2(\cdot) = I_2(x,y)$；当配准的是 3D 图像时，$I_1(\cdot) = I_1(x,y,z)$，$I_2(\cdot) = I_2(x,y,z)$。不失一般性，不妨令 $I_1(\cdot)$ 为参考图像，$I_2(\cdot)$ 为待配准图像（也称为浮动图像）。首先，需要选择合适的配准测度：

$$C(T) = C(I_1(\cdot), I_2(T_\Theta(\cdot))) \tag{1.1}$$

式中，C 为配准测度，也称为价格函数（cost function）或目标函数（object function）；T 为待配准图像与参考图像之间的空间变换。

图像配准过程可归结为寻求以下最佳空间变换：

$$\Theta^* = \text{argmax} C(T) \tag{1.2a}$$

$$\Theta^* = \text{argmin} C(T) \tag{1.2b}$$

当配准测度是相似性测度函数时，配准过程如式（1.2a）所示，max 表示求配准测度的全局最大值；当配准测度是差异性测度函数时，配准过程如式（1.2b）所示，min 表示求配准测度的全局最小值。Θ 表示变换模型的参数，参数可能的取值范围称为搜索空间，参数的个数称为变换模型的自由度。参数的个数与变换模型的特性有关，不同的变换模型，其自由度常常是不同的。对于 3D 刚体变换，$\Theta = (t_x, t_y, t_z, \theta_x, \theta_y, \theta_z)$，$t_x$、$t_y$、$t_z$ 是待配准的两幅图像相对于 x、y、z 坐标轴三个方向的偏移量，θ_x、θ_y、θ_z 是绕 x、y、z 坐标轴的相对旋转角度。参数的取值范围根据特定的应用和实际情况进行选取。$\Theta^* = (t_x^*, t_y^*, t_z^*, \theta_x^*, \theta_y^*, \theta_z^*)$ 是目标函数达到最优时参数的估计值。对于 2D 刚体变换，$\Theta = (t_x, t_y, \theta)$，其自由度只有三个，比 3D 刚体变换少。

由于空间变换包含多个参数，图像配准问题是一个多参数最优化问题。常用的空间变换形式主要有刚体变换（rigid body transformation）、仿射变换（affine transformation）、透视变换（projective transformation）和曲线变换（curve transformation）等几种。相似性测度函数是通过搜索函数的全局最大值来得到图像间空间几何变换的参数，常见的有相关系数、互相关函数、互信息函数等。差异性测度函数是通过搜索函数的全局最小值来得到图像间空间几何变换的参数，常见的有距离函数、总绝对差函数、总平方差函数等。

1.2.2 图像配准的应用

根据图像配准的目的、任务以及图像的采取方式，其应用领域可以概括为以下几个方面：

（1）多视角分析。

对从相同场景、不同视角得到的图像进行分析，目的是获得更大的 2D 视场或 3D 信息。

应用例子 1：计算机视觉方面，利用视觉差异构建三维深度和形状模型。

应用例子 2：遥感图像处理方面，深度和高度信息的获取，GIS（global information system）中数字高程图的绘制，多幅图像和多景图像的拼接。

（2）多时像分析。

对从相同场景、不同时间得到的图像进行配准处理，目的是获得场景的变化信息或进行目标跟踪等。

应用例子 1：医学图像处理方面，数字减影血管造影，注射造影剂前后的图像配准；监视身体的生长发育、监视某种疾病的康复治疗效果、监视肿瘤的生长变化、考察药物疗效等。

应用例子 2：计算机视觉方面，安全监视系统中的自动变化检测、目标移动跟踪、产品质量控制等。

应用例子 3：遥感图像处理方面，场景监视、资源利用监测、地表变化监测、灾害监测、农作物长势评估、城市建设等。

（3）多模态分析。

对从不同种类成像传感器得到的同一场景或物体的多幅图像进行分析（这些不同成像模式得到的图像，称为多模态图像），目的是把多源图像信息综合起来，获得更全面、更详细的场景表达。

应用例子 1：医学图像处理方面，多模态图像 CT、MRI、PET、SPECT、US 等结构信息和功能信息的融合综合诊断等；低分辨率图像与高分辨率图像进行配准，以改进在诊断和治疗时定位的精度。

应用例子 2：遥感图像处理方面，对不同特性成像传感器的信息进行融合，有利于获得更加全面的目标信息，如对红外图像、微波图像、雷达图像、可见光波段的图像的分析、综合等；场景分类，如建筑物、道路、车辆、农作物和其他植被的分类等。

（4）图像到模板。

对当前图像与模板图像或标准图库进行分析比较，目的是将图像和标准模型进行比较、定位等。

应用例子 1：医学图像处理方面，将病人的图像与标准的数字解剖图库（如虚拟人数据库）进行对比，对样本图像进行分类等。

应用例子 2：计算机视觉方面，将实时图像和目标模板进行匹配，自动检查质量。

应用例子 3：遥感图像处理方面，将航空或者卫星数据与地图或 GIS 进行配准，进行目标定位或目标识别。

1.3　图像配准方法分类

图像配准是数字图像处理领域中比较重要的部分。到目前为止，在国内外的图像处理研究领域，已经报道了相当多的图像配准研究工作，产生了不少图像配准方法。但是由于成像方式、图像数据特征、配准精度要求和图像变形降质等各不相同，现有的图像配准技术常常是根据特定应用而提出来的，只能解决特定问题，不存在一个可以解决所有配准问题的方法。总的来说，各种方法都是面向一定范围的应用领域，具有各自的特点。在图像配准过程中，要确定究竟选用哪种方法，首先要考虑图像的模态，然后要兼顾配准精度和配准速度的要求。这是一个折中考虑的过程。

面对众多的图像配准方法，如何将它们进行分类，已有研究对此进行了探索，并提出了不同的分类方法[6-7]。其中，Brown[6]提出了以图像特征、搜索空间（或等价于应用的变换类型）、搜索策略为主要范畴来对图像配准方法进行分类。

1.3.1　图像特征

图像配准中使用的图像特征有着重要的实际意义，因为它们通常决定了这种方法适合于什么样的图像。空间坐标（地标控制点）被有效应用于很多同属性图像的配准，但不论是通过自动选择还是通过人工选择，地标控制点的选择都是一个困难的过程。

对于很多图像来说，图像配准精度直接受控制点选择精度的影响。而实际操作中，控制点的数量和精度通常是很有限的。相比较而言，基于初始灰度信息的配准方法充分而又有效地利用了所有已知的数据。恰当的相似性准则的使用可以增加方法的鲁棒性。

1.3.2 搜索空间

图像的几何形变可以分为三类：全局的、局部的和位移场形式的。全局的变换通常基于矩阵代数理论，用一个参数矩阵来描述整个图像的变换。典型的全局几何变换包括以下的一种或几种：平移、旋转、各向同性或各向异性的缩放、二次或三次多项式变换等。局部的变换有时也称为弹性映射，允许变换参数有位置依赖性，也就是说，不同的位置具有不同的变换参数模型。变换参数往往只是定义在特定的关键点上，而在区域到区域之间进行插值。位移场形式的变换有时也称为光流场法，是使用一个（连续的）函数优化机制，为图像中的每一点计算出一个独立的位移量，并使用某种规整化机制进行约束。

1.3.3 搜索策略

由于很多配准特征和准则都伴随着庞大的计算量，搜索策略成为一个不容忽视的问题。给定一组特征和参数化的形变，优化准则和优化算法本身共同决定着搜索策略的选择。控制点结合最小二乘准则是一个很通用的变换参数确定方法，它通常用在基于特征的配准方法上。

1.4 本研究采用的图像配准方法分类

本研究根据图像配准中利用的图像信息的不同将图像配准方法分为三个主要类别：基于灰度信息的方法、变换域的方法和基于特征的方法，其中，基于特征的方法又可以根据所用的特征属性的不同而细分为若干类别。以下将根据这一分类原则来讨论目前已经报道的各种图像配准方法。

1.4.1 基于灰度信息的方法

本类方法一般不需要对图像进行复杂的预先处理，而是利用图像本身具有的灰度的一些统计信息来度量图像的相似程度。主要特点是实现简单，但应用范围较窄，不能直接用于校正图像的非线性形变，在最优变换的搜索过程中往往运算量巨大。

1982 年，Rosenfeld 和 Kak[8] 提出的交叉相关是最基本的基于灰度统计的图像配准方法。它通常被用来进行模板匹配和模式识别。它是一种匹配度量，给出了一幅图像和一个模板的相似程度。对于一幅图像 I 和一个尺寸小于 I 的模板 T，归一化的二维交叉相关函数可表示每一个位移位置的相似程度：

$$C(u,v) = \frac{\sum\limits_{x}\sum\limits_{y}T(x,y)I(x-u,y-v)}{\sqrt{\sum\limits_{x}\sum\limits_{y}T^2(x,y)\sum\limits_{x}\sum\limits_{y}I^2(x-u,y-v)}} \tag{1.3}$$

在配准点上，交叉相关函数应该是一个极大值。

另一个配准测度是相关系数，其定义如下：

$$\rho(T,I) = \frac{cov(T,I)}{\delta_T\delta_I} = \frac{\sum\limits_{x}\sum\limits_{y}[T(x,y)-\mu_T][I(x,y)-\mu_I]}{\left[\sum\limits_{x}\sum\limits_{y}(T(x,y)-\mu_T)^2\sum\limits_{x}\sum\limits_{y}(I(x,y)-\mu_I)^2\right]^{\frac{1}{2}}}$$

$$\tag{1.4}$$

其中，μ_T 和 δ_T 分别是模板 T 的均值和标准差，μ_I 和 δ_I 分别是图像 I 的均值和标准差。相关系数的特点是：它的取值范围是 $[-1,1]$。这样表示，其取值大小的指示意义更加明显，对比性更强。对于大尺度的相关运算，可以通过快速傅立叶变换求得，这使其得到了更加广泛的应用。

如果图像带有噪声，则可能无法清楚地辨认相关运算的峰值。如果噪声模型容易建立，或者更准确地说，如果噪声是叠加型、静态且无关于图像，并且已知其能量谱密度的，利用匹配滤波技术，可以对图像做抑制噪声的滤波处理后再进行相关运算。

此外，还有一种比传统的交叉相关更容易实现的算法，称为序贯相似性检测算法（sequential similarity detection algorithms，SSDA）。它由 Barnea 和 Silverman[9] 提出，其最主要的特点是处理速度快。该方法有两个改进，首先是定义了一个计算上更为简单的相似性测度：

$$E(T,I) = \sum\limits_{x}\sum\limits_{y}|T(x,y)-I(x,y)| \tag{1.5}$$

归一化了的准则定义为

$$E(T,I) = \sum\limits_{x}\sum\limits_{y}|T(x,y)-\overline{T}-I(x,y)+\overline{I}| \tag{1.6}$$

其中，$\overline{T}$、$\overline{I}$ 分别是模板 T 和图像 I 中灰度值的均值。即使在非归一化的情况下，在匹配处该准则也能获得一个极小值。而交叉相关方法既需要归一化，又需要耗时的乘法运算。在用这种准则进行图像配准时，由于只有加减运算，所以速度很快。

Barnea 和 Silverman[9] 提出的另一个改进是一个序贯的搜索策略。由于该准则实际上是一个误差绝对值的累加和，在图像不匹配的位置上 $E(T,I)$ 增长很快，而在图像匹配的位置上 $E(T,I)$ 增长缓慢。如果选择一个简单的固定门限 T，并规定累加误差一旦超过该门限 T 就停止运算，则在各个不匹配的位置上累加运算提前停止，从而大大节省了运算量。而在匹配的位置上需要经过很多点的累加才能达到固定门限 T，因而可以把累加次数 n 作为匹配判据，累加次数 n 最大的位置就是匹配位置。这种方法称为固定门限的 SSDA 算法。进一步的改进方法可以根据局部灰度信息和匹配窗口大小动态调整门限大小，从而提高算法效率。

另外，有一种非常类似的准则，称为整合平方误差（integrated square difference）[10]，有时也称为残差（residue），其主要不同之处在于它是以误差的平方累加的。设待比较的两个 q 维信号分别为 f_R 和 f_T，则它们之间的整合平方误差可以写为

$$\varepsilon^2 = \iint_{\langle x \rangle \in \mathbf{R}^q} (f_R(x) - f_T(x))^2 \mathrm{d}x = \| f_R(x) - f_T(x) \|^2 \qquad (1.7)$$

对于图像 I 和模板 T 来说，参照以上的相同记号，整合平方误差可以写为

$$D(T,I) = \sum_x \sum_y \left[T(x,y) - I(x,y) \right]^2 \qquad (1.8)$$

以上的相似准则都是比较传统的基于直接灰度信息的相关运算类或误差运算类方法。这些方法尽管各自具有一定的优点，但总的来说有着共同的不足，那就是对于噪声的影响和不同灰度属性或对比度差异的影响缺乏鲁棒性。

1995 年出现了一种新的解决图像配准问题的方法，那就是基于信息理论的互信息相似性准则。互信息的概念最早可以追溯到 Shannon 于 1948 年所做的工作。从此之后，互信息在很多领域得到应用，如统计、通信理论、复变分析等。1995 年，Viola 等和 Collignon 等分别把互信息引入图像配准领域，初衷是解决多模态医学图像配准问题。

互信息用来比较两幅图像的统计依赖性，用统计特征及概率密度函数来描述图像的统计性质。互信息是两个随机变量 A 和 B 之间统计相关性的量度，或是一个变量包含另一个变量的信息量的量度。互信息用于图像配准的关键思想是，如果两幅图像达到匹配，则它们的互信息达到极大值。在图像配准的应用中，通常联合概率密度和边缘概率密度可以分别用两幅图像重叠部分的联合灰度直方图和边缘灰度直方图来估计。

互信息图像配准方法一经提出，就在图像配准领域，尤其是在医学图像配准领域引起了人们的关注，有不少基于此方法的研究出现。例如，Josien 等提出将互信息和图像的梯度信息结合起来以改善其极值性；Philippe 等采用一个多分辨率图像金字塔方法以提高最大化互信息的优化速度；Kouson 等推导出两幅图像互信息的上界，从而对互信息的属性提出了更深的认识，并提出在一些情况下互信息不一定能够得到最优化的结果。

互信息是在概率密度估计的基础上建立的，有时需要建立参数化的概率密度模型，它要求的计算量很大，而且要求图像之间有较大的重叠区域。另外，函数可能出现病态，且面临大量局部极值。

1.4.2　变换域的方法

这类方法最主要的就是傅立叶变换。傅立叶变换的好几个性质可以被用于图像配准。图像的平移、旋转、镜像和缩放等变换在傅立叶变换中都有相应的体现。利用变换域的方法还有可能获得一定程度的抵抗噪声的鲁棒性。另外，傅立叶变换有成熟的快速算法并易于硬件实现，因而在算法实现上也具有独特的优势。

相位相关技术是配准两幅图像的平移失配最基本的傅立叶变换。相位相关依据的是傅立叶变换的平移性质。给定两幅图像 I_1 和 I_2，它们之间的唯一区别是一个平移量 (d_x, d_y)，即

$$I_2(x, y) = I_1(x - d_x, y - d_y) \qquad (1.9)$$

则它们的傅立叶变换 F_1 和 F_2 之间将有如下关系：

$$F_2(\omega_x, \omega_y) = e^{-j(\omega_x d_x + \omega_y d_y)} F_1(\omega_x, \omega_y) \qquad (1.10)$$

这就是说，两幅图像拥有相同的傅立叶变换幅度和不同的相位关系，而相位区别是由它们之间的平移直接决定的，写成 $F_i(\omega) = |F_i| e^{j\phi_i(\omega)}$，$i = 1, 2$ 的形式。则相位差由 $e^{j(\phi_1 - \phi_2)}$ 给出。两幅图像的互功率谱由式（1.11）给出：

$$\frac{F_1(\omega_x, \omega_y) F_2^*(\omega_x, \omega_y)}{|F_1(\omega_x, \omega_y) F_2^*(\omega_x, \omega_y)|} = e^{j(\omega_x d_x + \omega_y d_y)} \qquad (1.11)$$

这里 * 表示共轭运算。由此可以看出，两幅图像的相位差就等于它们互功率谱的相位。对其进行傅立叶反变换，可得到一个脉冲函数，它在其他各处几乎为零，只在平移的位置上不为零，这个位置就是我们要确定的位置。因此，相位相关技术就是确定互功率谱相位的傅立叶反变换的峰值的位置。相位差对于所有的频率的作用是相同的，因此即使图像中混有窄带噪声，也不会使峰值的位

置发生变化。另外，待配准的图像还可以有不同的亮度，因为亮度的变化通常是缓慢的，集中在低频部分，且不影响峰值的位置。

Alliney[11]致力于傅立叶变换的研究，提出了一个改进的方法，只需要用一维的傅立叶变换来计算相位相关。这里的傅立叶变换是用图像在 x 轴和 y 轴上的投影来做的。尽管这种方法极大地节省了计算量，但它的鲁棒性也降低了，只适用于相对较小的平移量的配准。

旋转在傅立叶变换中是一个不变量。根据傅立叶变换的旋转性质，旋转一幅图像，在频域相当于对其傅立叶变换做相同角度的旋转。两幅图像 $I_1(x,y)$ 和 $I_2(x,y)$，它们之间的区别是一个平移量 (d_x,d_y) 和一个旋转量 ϕ_0，则它们的傅立叶变换 F_1 和 F_2 的关系为

$$F_2(\omega_x,\omega_y) = e^{-j(\omega_x d_x+\omega_y d_y)} F_1(\omega_x\cos\phi_0 +\omega_y\sin\phi_0, -\omega_x\sin\phi_0 +\omega_y\cos\phi_0)$$
$$(1.12)$$

设 F_1 和 F_2 的幅度分别为 M_1 和 M_2，则有

$$M_2(\omega_x,\omega_y) = M_1(\omega_x\cos\phi_0 +\omega_y\sin\phi_0, -\omega_x\sin\phi_0 +\omega_y\cos\phi_0)$$
$$(1.13)$$

容易看出，两个频谱的幅度是一样的，只是存在一个旋转关系。简单地说，这个旋转关系通过对其中一个频谱的幅度进行旋转，用最优化方法寻找最匹配的旋转角度就可以确定。

Lee 等[12]，Castro 和 Morandi[13]分别针对有旋转和平移失配的图像配准成功地应用了傅立叶变换。

Reddy 和 Chatterji[14]对相位相关技术进行了扩展，利用其对有平移、旋转和缩放关系的图像进行配准。他们将 F_1 和 F_2 的幅度谱 M_1 和 M_2 的关系在极坐标下表示为

$$M_1(\rho,\theta) = M_2(\rho,\theta -\theta_0)$$
$$(1.14)$$

则笛卡尔坐标下的旋转关系转化为极坐标下的平移关系，可以利用前面的相位相关技术确定旋转角度 θ_0。

对于有缩放的情况，假设 $I_1(x,y)$ 是 $I_2(x,y)$ 的缩放结果，a 和 b 分别为 x 轴和 y 轴的缩放系数，即

$$I_2(x,y) = I_1(ax,by)$$
$$(1.15)$$

则根据傅立叶变换的尺度性质，F_1 和 F_2 的关系表示为

$$F_2(\omega_x,\omega_y) = \frac{1}{|ab|} F_1\left(\frac{\omega_x}{a},\frac{\omega_y}{b}\right)$$
$$(1.16)$$

通过把坐标轴转换为对数尺度，图像尺度变换也可以转变成平移量（这里忽略

了因子 $\dfrac{1}{ab}$ 的影响），即

$$F_2(\log \omega_x, \log \omega_y) = F_1(\log \omega_x - \log a, \log \omega_y - \log b) \tag{1.17}$$

为了描述方便，经变量代换写成

$$F_2(u, v) = F_1(u - c, v - d) \tag{1.18}$$

这里 $u = \log \omega_x$，$v = \log \omega_y$，$c = \log a$，$d = \log b$。这样，平移量 c 和 d 也可以通过相位相关技术求得，再通过指数运算获得尺度因子 a 和 b。

在常见的情况下，x 方向上和 y 方向上的尺度因子相等，则对于同时有平移、旋转和缩放失配的两幅图像 $I_1(x, y)$ 和 $I_2(x, y)$ 来说，它们的傅立叶变换幅度谱在极坐标下的关系为

$$M_1(\rho, \theta) = M_2\left(\dfrac{\rho}{a}, \theta - \theta_0\right) \tag{1.19}$$

$$M_1(\log \rho, \theta) = M_2(\log \rho - \log a, \theta - \theta_0) \tag{1.20}$$

变量代换后写为

$$M_1(u, \theta) = M_2(u - c, \theta - \theta_0) \tag{1.21}$$

这里 $u = \log \rho$，$c = \log a$。这样通过相位相关技术可以一次求得缩放因子 a 和旋转角度 θ_0，然后根据 a 和 θ_0 对原图像进行缩放和旋转校正，再利用相位相关技术求得平移量。

另外，一般意义的仿射变换在傅立叶变换中也有表现。Bracewell 等[15] 对傅立叶变换的仿射理论进行了研究。根据他们的研究，给定两幅图像 $x_1(\boldsymbol{\xi})$ 和 $x_2(\boldsymbol{\xi})$，它们之间是仿射变换的关系，即

$$x_2(\boldsymbol{\xi}) = x_1(\boldsymbol{A}^{-1}(\boldsymbol{\xi} - \boldsymbol{b})) \tag{1.22}$$

这里 $\boldsymbol{A}$ 是一个 2×2 的可逆矩阵，代表仿射变换的线性变形，$\boldsymbol{b}$ 是一个平移向量。则这两幅图像的傅立叶变换 F_1 和 F_2 之间的关系为

$$F_2(\boldsymbol{\omega}) = |\det \boldsymbol{A}| e^{-j \boldsymbol{\omega} \cdot \boldsymbol{b}} F_1(\boldsymbol{A}^{\mathrm{T}} \boldsymbol{\omega}) \tag{1.23}$$

这里 $\boldsymbol{A}^{\mathrm{T}}$ 是 $\boldsymbol{A}$ 的转置，$\det \boldsymbol{A}$ 是 $\boldsymbol{A}$ 的行列式，$\cdot$ 表示向量的数积。

于是 Kruger 和 Calway[16] 根据这一关系，建议以三个步骤来确定两幅图像之间的变换关系：

（1）通过它们傅立叶变换幅度谱 $|F_1(\boldsymbol{\omega})|$ 和 $|F_2(\boldsymbol{\omega})|$ 之间的关系确定线性变形矩阵 $\boldsymbol{A}$。

（2）用线性变形矩阵 $\boldsymbol{A}$ 对两幅图像的频谱进行变形，即 $F_1(\boldsymbol{\omega}) \Rightarrow F_1(\boldsymbol{A}^{\mathrm{T}} \boldsymbol{\omega})$。

（3）对变形后的频谱 $F_1(\boldsymbol{A}^{\mathrm{T}} \boldsymbol{\omega})$ 进行归整化的共轭相关，即

$$F_{12}(\boldsymbol{\omega}) = \dfrac{F_1^*(\boldsymbol{A}^{\mathrm{T}} \boldsymbol{\omega}) F_2(\boldsymbol{\omega})}{E_1 E_2} \tag{1.24}$$

这里 $E_i^2 = \int |F_i(\omega)|^2 d\omega$，然后进行傅立叶反变换，再以极大值点的位置确定平移矢量 $\boldsymbol{b}$，并针对第一步提出了一些具体的实现方法。

我们可以看到，傅立叶变换对于图像配准是非常有用的，但它也有相当大的局限性。傅立叶变换只能用来配准灰度属性有线性正相关的图像，图像之间也必须是严格满足定义好的变换关系，比如平移、旋转等。

1.4.3 基于特征的方法

基于特征的方法是图像配准方法中的一大类，这类方法的共同之处是首先要对待配准图像进行预处理，也就是特征提取过程，再利用提取到的特征完成两幅图像特征之间的匹配，通过特征的匹配关系建立图像之间的配准映射变换。由于图像中有许多种可以利用的特征，因而产生了多种基于特征的方法。文献中常用的图像有特征点（包括角点、高曲率点等）、直线段、边缘、轮廓、闭合区域、特征结构以及统计特征（如矩不变量、重心）等。

点特征是配准中常用的图像特征之一，其中主要应用的是图像中的角点。图像中的角点在计算机视觉、模式识别以及图像配准领域都有非常广泛的应用，因而针对角点检测的算法报道也有很多。基于角点的图像配准的主要思路是，首先在两幅图像中分别提取角点，再以不同的方法建立两幅图像中角点的相互关联，从而确定同名角点，最后以同名角点作为控制点确定图像之间的配准变换。由于角点的提取已经有了相当多的方法可循，因此基于角点的方法最难解决的一个问题就是怎样建立两幅图像之间同名点的关联问题。已有的解决点匹配问题的方法包括松弛法、相对距离直方图聚集束检测法、Hausdorff 距离及相关方法等。这些方法都对检测到的角点要求比较苛刻，比如要求有同样多的数目，有简单的变换关系等，因而不能适应普遍的配准应用。

Yang 和 Cohen[17] 利用角点集的凸壳概念（Convex Hull）来解决仿射变换下的图像配准和场景识别问题。该方法为图像中抽取的离散点集（包括角点、顶点、交叉点）的凸壳定义了一组仿射不变量。凸壳上四个连续的不共线顶点之间通过连线可以得到四个三角形。仿射不变量就是通过这些三角形的面积关系建立起来的。由于这些不变量是由局部点集得到的，因此该方法可解决有一定程度遮挡的目标辨认问题。这些不变量用来建立两幅图像中分别提取的凸壳的顶点对应问题，从而达到图像配准或场景辨识的目的。应该说，该方法为离散角点的对应匹配提出了一个新的思路，但其局限性仍然限制了它在图像配准领域的应用。它只适合易于提取特征轮廓的简单场景，且要求点集的凸壳能够反映目标物的轮廓特征，这对于普遍意义的图像配准问题来说显然是不现实的。

直线段是图像中另一个易于提取的特征。Stockman 等[18]曾通过匹配图像中提取的直线段来配准图像。Hough 变换是提取图像中直线的有效方法。Hough 变换可以将原始图像中给定形状的曲线或直线上所有的点都集中到变换域上某一个点的位置从而形成峰值，这样原图像中的曲线或直线的检测问题就变成了寻找变换空间中的峰点问题。正确地建立两幅图像中分别提取的直线段的对应关系依然是该方法的重点和难点。综合考虑直线段的斜率和端点的位置关系，可以构造一个包含这些信息指标的直方图，通过寻找直方图的聚集束达到直线段的匹配。

近年来，随着图像分割、边缘检测等技术的发展，基于边缘、轮廓和区域的图像配准方法逐渐成为配准领域的研究热点。分割和边缘检测技术是这类方法的基础。目前，已有的很多图像分割方法可以用来做图像配准需要的边缘轮廓和区域的检测，比如 Canny 边缘提取算子、拉普拉斯—高斯算子（LoG）、动态阈值技术、区域增长等。尽管方法很多且各具特点，但并没有任何一种方法能对所有种类的图像都获得最佳效果，大多数的分割技术都依赖于图像本身。

Goshtasby[19]最早应用分割区域方法来配准图像。他在文章中提出用具有闭合边界的区域重心作为控制点来配准图像。首先必须选择一种适当的分割方法，要求能尽量多地分割出独立的有闭合边界的区域。他使用了 Ohlander 和 Suk[20]提出的一种迭代阈值方法进行图像分割，提取出孤立的分割区域，以各个区域的重心作为控制点。直方图聚集束法被用来确定两幅图像的控制点之间的相互关联。最后用关联好的控制点计算图像的配准变换。他对基于区域重心的方法做了改进，主要贡献是提出了一种基于区域边界的优化算法，这样使得两幅图像中相对应的闭合区域有了更好的相似性，使得配准精度达到亚像素级。

Ton 和 Jain[21]通过提取图像中的片状区域并以其质心作为控制点，使用松弛迭代的方法建立控制点的对应关系，完成了对有平移和旋转变形的 Landsat 图像的配准。

1.5　本章小结

　　本章主要介绍了图像配准的方法及过程，并对图像配准方法的分类做了说明。本研究根据图像配准中利用的图像信息的不同，将图像配准方法分为三个主要类别：基于灰度信息的方法、变换域的方法和基于特征的方法。在基于灰度信息的方法中，主要介绍了交叉相关函数、相关函数和整合平方误差等配准测度及序贯相似性检测算法和最大化互信息法等配准方法。在变换域的方法中，主要介绍了傅立叶变换，由于变换域的方法不是本书的重点，所以在后面的章节中不再对这种方法进行展开讨论。在基于特征的方法中，由于点特征是最简单的特征，也是其他特征表示的基础，所以在本书的后续章节中将对基于灰度信息的方法中的最大化互信息法和基于特征的方法中的点特征法进行详细讨论。

第 2 章　图像的空间变换和插值运算

图像的配准过程就是将两幅图像中表达相同结构的点进行空间上的对齐，在这个对齐的过程中不可避免地要进行图像的空间变换，比如我们熟知的仿射变换就是最常用的空间变换。仿射变换是从一个二维坐标变换到另一个二维坐标，它是一种线性变换，保持了图像的平行性和平直性，即在变换之后，原先图像中的直线与平行线还是保持其直线和平行线的性质不变，只是位置存在变化。仿射变换包括平移（translation）、缩放（scale）、翻转（flip）、旋转（rotation）和剪切（shear）。对于数学上的表示而言，始终存在一个变换矩阵使得原图像与变换后的图像能够互相转换。换一个角度看，我们可以把图像的空间变换看成像素点的移动，对于数字图像来说，原来在网格点上的像素点移动到新的位置后会产生一定数量的"无定义点"，在这些点上原本就没有定义相应的图像的灰度值，为了保持图像外观上看起来的连续性，就需要在这些点上赋予"合理的"灰度值，这个赋值的过程就称为图像的插值运算（这种插值运算常称为灰度插值）。所以说，有图像的空间变换一般就伴随着有图像的插值运算，本章就图像的空间变换和插值运算进行讨论。

2.1　图像的空间变换

图像的空间变换是将输入图像的像素位置映射到输出图像新的位置处，常用的图像几何操作技术（例如，调整图像的大小、旋转或剪切）都是空间变换的例子。图像的空间变换既包括可用数学函数表达式表达的简单变换（例如，仿射变换和投影变换），也包括依赖于实际图像而不易用函数形式描述的复杂变换（例如，对存在几何畸变的摄像机所拍摄的图像进行校正，就需要实际拍摄的栅格图像，根据栅格的实际扭曲数据建立空间变换关系；再如，通过指定图像中已知的一些控制点的位移来描述的空间变换）。

在 3D 空间中，一个点 $X(x_1, x_2, x_3)$ 的仿射变换 $Y(y_1, y_2, y_3)$ 可以定义为

$$y_1 = m_{11}x_1 + m_{12}x_2 + m_{13}x_3 + m_{14} \tag{2.1}$$

$$y_2 = m_{21}x_1 + m_{22}x_2 + m_{23}x_3 + m_{24} \tag{2.2}$$

$$y_3 = m_{31}x_1 + m_{32}x_2 + m_{33}x_3 + m_{34} \tag{2.3}$$

仿射变换可以表示为矩阵相乘的形式 $Y = MX$，即

$$\begin{pmatrix} y_1 \\ y_2 \\ y_3 \\ 1 \end{pmatrix} = \begin{pmatrix} m_{11} & m_{12} & m_{13} & m_{14} \\ m_{21} & m_{22} & m_{23} & m_{24} \\ m_{31} & m_{32} & m_{33} & m_{34} \\ 0 & 0 & 0 & 1 \end{pmatrix} \begin{pmatrix} x_1 \\ x_2 \\ x_3 \\ 1 \end{pmatrix} \tag{2.4}$$

仿射变换将直线映射为直线，并保持平行性。具体表现可以是各个方向尺度变换系数一致的均匀尺度变换或变换系数不一致的非均匀尺度变换及剪切变换等。在仿射变换下，平移、旋转、尺度变换与剪切变换可分别表示为：

平移——点 X 平移 Q 单位可以表示为 $Y = X + Q$，表示为矩阵相乘的形式为

$$\begin{pmatrix} y_1 \\ y_2 \\ y_3 \\ 1 \end{pmatrix} = \begin{pmatrix} 1 & 0 & 0 & q_1 \\ 0 & 1 & 0 & q_2 \\ 0 & 0 & 1 & q_3 \\ 0 & 0 & 0 & 1 \end{pmatrix} \begin{pmatrix} x_1 \\ x_2 \\ x_3 \\ 1 \end{pmatrix} \tag{2.5}$$

旋转——在 3D 空间中，三个正交平面中的旋转通常表示为沿着相应坐标轴 x，y 与 z 的旋转，分别表示为

$$\begin{pmatrix} y_1 \\ y_2 \\ y_3 \\ 1 \end{pmatrix} = \begin{pmatrix} 1 & 0 & 0 & 0 \\ 0 & \cos\theta & \sin\theta & 0 \\ 0 & -\sin\theta & \cos\theta & 0 \\ 0 & 0 & 0 & 1 \end{pmatrix} \begin{pmatrix} x_1 \\ x_2 \\ x_3 \\ 1 \end{pmatrix} \tag{2.6}$$

$$\begin{pmatrix} y_1 \\ y_2 \\ y_3 \\ 1 \end{pmatrix} = \begin{pmatrix} \cos\omega & 0 & -\sin\omega & 0 \\ 0 & 1 & 0 & 0 \\ \sin\omega & 0 & \cos\omega & 0 \\ 0 & 0 & 0 & 1 \end{pmatrix} \begin{pmatrix} x_1 \\ x_2 \\ x_3 \\ 1 \end{pmatrix} \tag{2.7}$$

$$\begin{pmatrix} y_1 \\ y_2 \\ y_3 \\ 1 \end{pmatrix} = \begin{pmatrix} \cos\beta & \sin\beta & 0 & 0 \\ -\sin\beta & \cos\beta & 0 & 0 \\ 0 & 0 & 1 & 0 \\ 0 & 0 & 0 & 1 \end{pmatrix} \begin{pmatrix} x_1 \\ x_2 \\ x_3 \\ 1 \end{pmatrix} \tag{2.8}$$

尺度变换——在三个坐标轴方向上的尺度变换 (m_x, m_y, m_z) 可以表示为

$$\begin{bmatrix} y_1 \\ y_2 \\ y_3 \\ 1 \end{bmatrix} = \begin{bmatrix} m_x & 0 & 0 & 0 \\ 0 & m_y & 0 & 0 \\ 0 & 0 & m_z & 0 \\ 0 & 0 & 0 & 1 \end{bmatrix} \begin{bmatrix} x_1 \\ x_2 \\ x_3 \\ 1 \end{bmatrix} \tag{2.9}$$

剪切变换——以 (s_1, s_2, s_3) 为参数的剪切变换可以表示为

$$\begin{bmatrix} y_1 \\ y_2 \\ y_3 \\ 1 \end{bmatrix} = \begin{bmatrix} 1 & s_1 & s_2 & 0 \\ 0 & 1 & s_3 & 0 \\ 0 & 0 & 1 & 0 \\ 0 & 0 & 0 & 1 \end{bmatrix} \begin{bmatrix} x_1 \\ x_2 \\ x_3 \\ 1 \end{bmatrix} \tag{2.10}$$

刚体变换主要用于同一研究对象的配准，是一种最简单的空间变换。所谓刚体，是指物体变换前后内部任意两点间的距离保持不变。它是仿射变换没有尺度变换与剪切变换的一个特例。在医学成像中，人体的骨骼一般可以认为是刚体，例如可将人脑看作一个刚体。目前，刚体变换广泛应用于多模态脑图像的配准。

另一种常用的空间变换方法是透视变换。透视变换是中心投影的射影变换，在用非齐次射影坐标表达时是平面的分式线性变换，常用于图像的几何校正。透视变换可以用以下形式进行描述：

$$x' = \frac{a_{11}x + a_{12}y + a_{13}}{a_{31}x + a_{32}y + a_{33}} \tag{2.11}$$

$$y' = \frac{a_{21}x + a_{22}y + a_{23}}{a_{31}x + a_{32}y + a_{33}} \tag{2.12}$$

其中 a_{ij} 为指定的系数，且有

$$\begin{vmatrix} a_{11} & a_{12} & a_{13} \\ a_{21} & a_{22} & a_{23} \\ a_{31} & a_{32} & a_{33} \end{vmatrix} \neq 0 \tag{2.13}$$

需要指出的是，在进行图像的空间变换后，可能存在坐标点变成非整数的情况，但在数字图像中的坐标点只能是整数，所以实际上还需要进行相关的后续处理。首先要对变换后的坐标值进行取整运算，其次要对计算得到的坐标值的范围进行画布扩大。

对于旋转变换来说，如果以旋转中心的坐标点为观察点，周围有八个点，它们之间最小的间隔角度为 45 度。因此，如果旋转角度任意设定，则一定会出现最终实现的旋转角度在像素级别上存在角度偏差。另外，像素点坐标取整

后会出现归并现象，即有可能有多个原图像的像素点同时旋转变换到新图像中同一个像素点的位置上。这样就出现了在变换后的新图像上有若干原图像像素点叠加，或者排列位置破坏了原有的相邻关系。另外，有些点无对应的原像素点可用来填充，由此会在旋转变换后的图像中出现空穴。这些空穴点的像素值需要进一步确定，通常是用灰度插值的方法进行处理。

2.2　图像的插值运算

自从有了计算机图形学和图像处理，便有了图像插值。所谓图像插值，其实就是一个图像数据再生的过程，它由原始具有较低分辨率的图像数据再生出具有更高分辨率的图像数据。根据一幅较低分辨率的图像转化成另一幅较高分辨率的图像，这种插值可看作"图像内的插值"（如应用于图像放大）。在若干幅图像之间再生出几幅新的图像，这种插值可看作"图像间的插值"（如在医学图像处理过程中应用于序列切片之间的插值）。图像插值的直接后果是原来由较少的像素所表达的图像（粗糙的图像）变成了由较多的像素所表达的图像（精细的图像）。通常情况下，图像经过几何变换以后，像素的坐标不会和原来的采样网格完全重合，这就需要对变换后的图像进行重采样和插值处理。常用的插值算法有最近邻插值法（nearest neighboring interpolation）、线性插值法（linear interpolation）、三次卷积插值法（cubic convolution interpolation）和部分体积插值法（partial volume interpolation）。最近邻插值法具有运算量小、快速的优点，但是存在图像质量不高的缺点。三次卷积插值法的运算量较大，插值速度较慢，但是插值精度比较高，适用于对插值质量要求比较高的场合。线性插值法是运算量和插值精度较好的折中，效果介于最近邻插值法和三次卷积插值法之间，运算量比最近邻插值法大，但是比三次卷积插值法小，故经常采用。部分体积插值法是针对互信息配准的插值方法，具有使配准函数更加平滑的特点，有利于全局极值点的寻找，从而使配准精度更高、配准效果更好。还有一种插值情况，这个时候插值运算的结果不是图像的灰度值，而是空间点的位置，比如薄板样条插值，此时求得的值是空间点的坐标值，可以称为空间插值。从本质上来讲，无论哪种插值运算所求得的值都是"伪值"，并非是"准确无误"的原始值，所以就存在插值运算的精准度的问题。一般来说，插值运算的精准度越高，运算量就越大，耗时就越长。在要求实时处理的场合，要求对图像处理的时间越短越好，所以需要对插值精度和插值时间进行优化处理，做一个合理选择。下面将从图像灰度插值和空间插值两个方面来对不同的插值方法进行介绍。

2.2.1 最近邻插值法

最简单的插值方法是所谓的零阶插值法或称为最近邻插值法，即令输出像素的灰度值等于离它所映射到的位置最近的输入像素的灰度值。最近邻插值法的计算十分简单，在许多情况下，其结果也可以接受。但是，在插值效果要求较高的场合往往需要使用其他插值方法。在一维情况下，最近邻插值的核函数定义如下：

$$\varphi^1(x) = \begin{cases} 1 & |x| < 0.5 \\ 0 & |x| \geqslant 0.5 \end{cases} \tag{2.14}$$

2.2.2 线性插值法

线性插值法既有较少的运算量，同时也能保证一定的插值精度。在二维情况下进行插值运算时需要利用周围 4 个邻近点的灰度值，此时也称为双线性插值法（bilinear interpolation）。它不会带来形变，但是会使图像变得模糊。它的核函数是连续的，但不是可导的。在一维情况下的核函数定义如下：

$$\beta^1(x) = \begin{cases} 1 - |x| & |x| < 1 \\ 0 & |x| \geqslant 1 \end{cases} \tag{2.15}$$

线性插值法与最近邻插值法相比可产生更令人满意的效果，只是程序复杂一些，运行时间也较长。由于通过四点确定一个平面是一个过约束问题，所以在一个矩形栅格上进行的一阶插值就需要用到双线性函数。

令 $f(x,y)$ 为两个变量的函数，其在单位正方形顶点的值已知。假设我们希望通过插值得到正方形内任意点的 $f(x,y)$ 值，可令由双线性方程

$$f(x,y) = ax + by + cxy + d \tag{2.16}$$

来定义一个双曲抛物面和四个已知点上的值拟合。

$a \sim d$ 这四个系数须由已知的四个顶点的 $f(x,y)$ 值来确定。有一个简单的算法可产生一个双线性插值函数，并使之与四个顶点的 $f(x,y)$ 值拟合。首先，对（0,0）和（1,0）两个顶点进行线性插值可得

$$f(x,0) = f(0,0) + x[f(1,0) - f(0,0)] \tag{2.17}$$

类似地，对于另外两个顶点（0,1）和（1,1）进行线性插值可得

$$f(x,1) = f(0,1) + x[f(1,1) - f(0,1)] \tag{2.18}$$

最后，做垂直方向的线性插值，以确定

$$f(x,y) = f(x,0) + y[f(x,1) - f(x,0)] \tag{2.19}$$

将式（2.17）、式（2.18）代入式（2.19），展开等式并合并同类项可得

$$f(x,y) = [f(1,0) - f(0,0)]x + [f(0,1) - f(0,0)]y + $$
$$[f(1,1) + f(0,0) - f(0,1) - f(1,0)]xy + f(0,0) \tag{2.20}$$

式（2.20）和式（2.16）类似，是双线性的。通过验证可知，式（2.15）满足已知的单位正方形四个顶点的 $f(x,y)$ 值。

若令 x（或 y）为常数，则式（2.16）成为另一个变量 y（或 x）的线性方程，所以双曲抛物面有以下性质：它与平行于 xz 平面的所有平面和平行于 yz 平面的所有平面相交都是一条直线。

双线性插值既可直接通过式（2.20）来实现，也可通过式（2.17）、式（2.18）、式（2.19）这三次线性插值来完成。因为式（2.20）需用到四次乘法、八次加（或减）法运算，而第二种方法只需要三次乘法和六次加（或减）法运算，所以在用双线性插值法时一般选择第二种方法。

双线性插值示意图如图 2.1 所示。

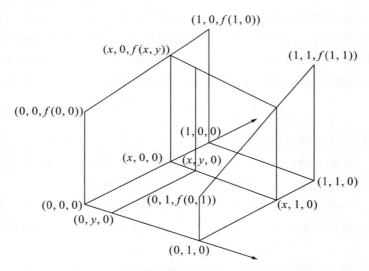

图 2.1　双线性插值示意图

2.2.3　三次卷积插值法

插值函数是一种特殊的近似函数，它的基本特性是在采样点上必须与采样

数据相一致，假定 f 是被采样的函数（也称为原函数），g 是相应的插值函数，x_k 是插值节点，那么必有 $g(x_k)=f(x_k)$。对于等间隔采样数据，插值函数的定义为[11]

$$g(x) = \sum_k c_k u \frac{x - x_k}{h} \qquad (2.21)$$

式中，h 是采样步长；u 是插值核函数；c_k 是依赖于采样数据的参数，它的选择要保证在每个 x_k 满足插值条件 $g(x_k)=f(x_k)$。

式（2.21）的插值核函数通过一个类似于卷积的操作把离散数据转化为连续函数。插值核函数对插值函数的性能有至关重要的影响，三次卷积插值的核函数是通过一系列加在插值核函数上的约束条件得来的，这些条件的设计目的是在给定运算量的情况下得到最好的精度。三次卷积插值的核函数由定义在 $(-2,-1)$，$(-1,0)$，$(0,1)$ 和 $(1,2)$ 上的分段三次多项式组成。在 $(-2,2)$ 的范围之外核函数的值为 0，所以在一维情况下式（2.21）中用来插值运算的样本数据减少为 4。

在距离相等的情况下，不同采样点数据对插值点有相同的影响，所以核函数是对称的，它应该有如下形式：

$$u(s) = \begin{cases} A_1|s|^3 + B_1|s|^2 + C_1|s| + D_1 & 0 < |s| < 1 \\ A_2|s|^3 + B_2|s|^2 + C_2|s| + D_2 & 1 < |s| < 2 \quad (2.22) \\ 0 & 2 < |s| \end{cases}$$

插值核函数应该保证 $u(0)=1$，当 n 为非 0 整数时，$u(n)=0$。当 $x=x_j$ 时，由式（2.21）可得 $c_j=f(x_j)$。即式（2.21）中的 c_k 可以简单地用采样点数据来代替，与三次样条插值算法相比这是计算上的一大优势。插值核函数还应该保证必须是连续函数并且有连续的一阶导数，这样总共有 7 个约束条件，分别为 $u(0)=1$ 和 $u(1)=u(2)=0$，即

$$u(0) = D_1 = 1$$
$$u(1^-) = A_1 + B_1 + C_1 + D_1 = 0$$
$$u(1^+) = A_2 + B_2 + C_2 + D_2 = 0$$
$$u(2^-) = 8A_2 + 4B_2 + 2C_2 + D_2 = 0$$

还有在 0 点、1 点和 2 点处其一阶导数连续，即

$$u'(0^-) = -C_1 = u'(0^+) = C_1$$
$$u'(1^-) = 3A_1 + 2B_1 + C_1 = u'(1^+) = 3A_2 + 2B_2 + C_2$$
$$u'(2^-) = 12A_2 + 4B_2 + C_2 = u'(2^+) = 0$$

对于式（2.22）中的 8 个未知系数还有一个待定系数，设 $A_2=\alpha$，有

$$u(s) = \begin{cases} (\alpha+2)|s|^3 - (\alpha+3)|s|^2 + 1 & 0 < |s| < 1 \\ \alpha|s|^3 - 5\alpha|s|^2 + 8\alpha|s| - 4\alpha & 1 < |s| < 2 \\ 0 & 2 < |s| \end{cases} \quad (2.23)$$

对于 α 的取值可以利用在插值点附近进行 Taylor 级数展开来确定。通过分析可知当其值取 -0.5 时，插值所得的结果和原函数最为接近。此时核函数如下[22]：

$$u(s) = \begin{cases} 1.5|s|^3 - 2.5|s|^2 + 1 & 0 < |s| < 1 \\ -0.5|s|^3 + 2.5|s|^2 - 4|s| + 2 & 1 < |s| < 2 \\ 0 & 2 < |s| \end{cases} \quad (2.24)$$

上面所述的三次卷积插值法是三阶收敛的，为了进一步提高插值精度可以通过扩大支撑区间来完成。当把组成核函数的三次多项式的非 0 区间定义在 $(-3,-2)$，$(-2,-1)$，$(-1,0)$，$(0,1)$，$(1,2)$ 和 $(2,3)$ 上，在 $(-3,3)$ 之外为 0 时，相应的对称插值核函数定义如下：

$$u(s) = \begin{cases} A_1|s|^3 + B_1|s|^2 + C_1|s| + D_1 & 0 < |s| < 1 \\ A_2|s|^3 + B_2|s|^2 + C_2|s| + D_2 & 1 < |s| < 2 \\ A_3|s|^3 + B_3|s|^2 + C_3|s| + D_3 & 2 < |s| < 3 \\ 0 & 3 < |s| \end{cases} \quad (2.25)$$

核函数必须是连续的且是可导的，还有符合在 0 点处其值为 1，在非零整数点处其值为 0，即 $u(0) = 1$，当 n 为非零整数时，$u(n) = 0$。可得如下关系式：

$$u(0) = D_1 = 1$$
$$u(1^-) = A_1 + B_1 + C_1 + D_1 = 0$$
$$u(1^+) = A_2 + B_2 + C_2 + D_2 = 0$$
$$u(2^-) = 8A_2 + 4B_2 + 2C_2 + D_2 = 0$$
$$u(2^+) = 8A_3 + 4B_3 + 2C_3 + D_3 = 0$$
$$u(3^-) = 27A_3 + 9B_3 + 3C_3 + D_3 = 0$$
$$u'(0^-) = -C_1 = u'(0^+) = C_1$$
$$u'(1^-) = 3A_1 + 2B_1 + C_1 = u'(1^+) = 3A_2 + 2B_2 + C_2$$
$$u'(2^-) = 12A_2 + 4B_2 + C_2 = u'(2^+) = 12A_3 + 4B_3 + C_3$$
$$u'(3^-) = 27A_3 + 6B_3 + C_3 = u'(3^+) = 0$$

以上共有 10 个关系式，要完全确定式（2.25）中的系数，还需要另外两个条件。通过 Taylor 级数展开可知当 $A_2 = -\dfrac{7}{12}$，$A_3 = \dfrac{1}{12}$ 时，核函数的插值精度可以得到四阶收敛。其形式如下：

$$u(s) = \begin{cases} \dfrac{4}{3}|s|^3 - \dfrac{7}{3}|s|^2 + 1 & 0 < |s| < 1 \\[2mm] -\dfrac{7}{12}|s|^3 + 3|s|^2 - \dfrac{59}{12}|s| + \dfrac{15}{6} & 1 < |s| < 2 \\[2mm] \dfrac{1}{12}|s|^3 - \dfrac{2}{3}|s|^2 + \dfrac{21}{12}|s| - \dfrac{3}{2} & 2 < |s| < 3 \\[2mm] 0 & 3 < |s| \end{cases}$$

$$(2.26)$$

对于最近邻插值，当 $|x - x_j| < 0.5$ 时，$g(x) = f(x_j)$。在点 x_j 附近对 $f(x)$ 应用 Taylor 公式，有 $f(x) = f(x_j) + f'(\xi)(x - x_j)$，其中 $x_j < \xi < x$，若设 $s = \dfrac{x - x_j}{h}$ 为归一化距离，则有 $f(x) = f(x_j) + f'(\xi)sh = f(x_j) + o(h)$，$o(h)$ 是采样步长 h 的同级无穷小。插值误差为 $g(x) - f(x) = o(h)$，这种情况可以定义为一阶收敛。当 $|x - x_j| \geqslant 0.5$ 时，$g(x) = f(x_{j+1})$ 或者 $g(x) = f(x_{j-1})$，经分析也可得出同样结论。

对于线性插值，$g(x) = f(x_j)(1-s) + f(x_{j+1})s = s(f(x_{j+1}) - f(x_j)) + f(x_j)$，在点 x_j 附近对 $f(x)$ 应用 Taylor 公式，有 $f(x_{j+1}) = f(x_j) + f'(x_j)h + o(h^2)$，把此关系式代入 $g(x)$ 的表达式，有 $g(x) = f(x_j) + f'(x_j)sh + o(h^2)$。在点 x_j 附近对 $f(x)$ 应用 Taylor 公式，有 $f(x) = f(x_j) + f'(x_j)sh + o(h^2)$。所以线性插值的插值误差为 $g(x) - f(x) = o(h^2)$，为二阶收敛。

对于三次卷积插值，为了讨论方便，限定 $0 < s < 1$，其余在 $(-2, -1)$，$(-1, 0)$ 和 $(1, 2)$ 上的情况可以分别用 $s-2$，$s-1$ 和 $s+1$ 来表示，有

$$g(x) = c_{j-1}(-0.5s^3 + s^2 - 0.5s) + c_j(1.5s^3 - 2.5s^2 + 1) +$$
$$c_{j+1}(-1.5s^3 + 2s^2 + 0.5s) + c_{j+2}(0.5s^3 - 0.5s^2) \quad (2.27)$$

式中，$c_{j-1} = f(x_{j-1})$，$c_j = f(x_j)$，$c_{j+1} = f(x_{j+1})$，$c_{j+2} = f(x_{j+2})$，在点 x_j 附近对 $f(x)$ 应用 Taylor 公式，有

$$c_{j+2} = f(x_{j+2}) = f(x_j) + 2f'(x_j)h + 2f''(x_j)h^2 + o(h^3) \quad (2.28)$$

$$c_{j+1} = f(x_{j+1}) = f(x_j) + f'(x_j)h + \frac{1}{2}f''(x_j)h^2 + o(h^3) \quad (2.29)$$

$$c_j = f(x_j) \quad (2.30)$$

$$c_{j-1} = f(x_j) - f'(x_j)h + \frac{1}{2}f''(x_j)h^2 + o(h^3) \quad (2.31)$$

把式（2.28）～式（2.31）代入式（2.27），有

$$g(x) = \frac{1}{2}f''(x_j)s^2h^2 + f'(x_j)sh + f(x_j) + o(h^3) \qquad (2.32)$$

在点 x_j 附近对 $f(x)$ 应用 Taylor 公式，有

$$f(x) = f(x_j) + f'(x_j)sh + \frac{1}{2}f''(x_j)s^2h^2 + o(h^3) \qquad (2.33)$$

三次卷积的插值误差为 $g(x) - f(x) = o(h^3)$，为三阶收敛。

对于四阶收敛的三次卷积插值来说，同样限定 $0 < s < 1$，在 $(-3, -2)$ 和 $(2, 3)$ 上的情况用 $s - 3$ 和 $s + 2$ 来表示。由式（2.26）和式（2.21）可知

$$g(x) = c_{j-2}\left(\frac{1}{12}s^3 - \frac{1}{6}s^2 + \frac{1}{12}s\right) + c_{j-1}\left(-\frac{7}{12}s^3 + \frac{5}{4}s^2 - \frac{2}{3}s\right) +$$

$$c_j\left(4s^3 - \frac{7}{3}s^2 + 1\right) + c_{j+1}\left(-\frac{4}{3}s^3 + \frac{5}{3}s^2 + \frac{2}{3}s\right) +$$

$$c_{j+2}\left(\frac{7}{12}s^3 - \frac{1}{2}s^2 - \frac{1}{12}s\right) + c_{j+3}\left(-\frac{1}{12}s^3 + \frac{1}{12}s^2\right) \qquad (2.34)$$

式中，$c_{j-2} = f(x_{j-2})$，$c_{j-1} = f(x_{j-1})$，$c_j = f(x_j)$，$c_{j+1} = f(x_{j+1})$，$c_{j+2} = f(x_{j+2})$，$c_{j+3} = f(x_{j+3})$。在点 x_j 附近对 $f(x)$ 应用 Taylor 公式，有

$$c_{j-2} = f(x_{j-2}) = f(x_j) - 2hf'(x_j) + 2h^2f''(x_j) - \frac{4}{3}h^3f'''(x_j) + o(h^4)$$

$$(2.35)$$

$$c_{j-1} = f(x_{j-1}) = f(x_j) - hf'(x_j) + \frac{1}{2}h^2f''(x_j) - \frac{1}{6}h^3f'''(x_j) + o(h^4)$$

$$(2.36)$$

$$c_j = f(x_j) \qquad (2.37)$$

$$c_{j+1} = f(x_{j+1}) = f(x_j) + hf'(x_j) + \frac{1}{2}h^2f''(x_j) + \frac{1}{6}h^3f'''(x_j) + o(h^4)$$

$$(2.38)$$

$$c_{j+2} = f(x_{j-2}) = f(x_j) + 2hf'(x_j) + 2h^2f''(x_j) + \frac{4}{3}h^3f'''(x_j) + o(h^4)$$

$$(2.39)$$

$$c_{j+3} = f(x_{j+3}) = f(x_j) + 3hf'(x_j) + \frac{9}{2}h^2f''(x_j) + \frac{9}{2}h^3f'''(x_j) + o(h^4)$$

$$(2.40)$$

把式（2.35）～式（2.40）代入式（2.34），可得

$$g(x) = \frac{1}{6}s^3h^3f'''(x_j) + \frac{1}{2}s^2h^2f''(x_j) + shf'(x_j) + f(x_j) + o(h^4)$$

$$(2.41)$$

在点 x_j 附近对 $f(x)$ 应用 Taylor 公式，有

$$f(x) = f(x_j) + f'(x_j)sh + \frac{1}{2}f''(x_j)(sh)^2 + \frac{1}{6}f'''(x_j)(sh)^3 + o(h^4)$$

$$(2.42)$$

所以四阶收敛的三次卷积的插值误差为 $g(x) - f(x) = o(h^4)$，为四阶收敛。

从以上分析可知：三次卷积插值法的插值精度最好，线性插值法次之，最近邻插值法最差。图 2.2 是一个 601×601 点的圆圈原图像，先经过 $5:1$ 的采样得到一个面积为原图 1/25 的图像，再分别用最近邻插值法、线性插值法和三次卷积插值法把图像放大还原到原图像大小。由图 2.2 可以看到三种插值法的插值效果。

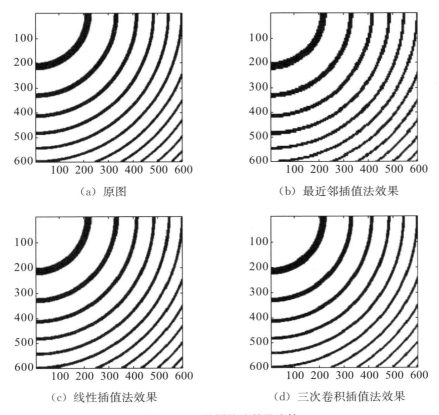

（a）原图　　　　　　　　　（b）最近邻插值法效果

（c）线性插值法效果　　　　　（d）三次卷积插值法效果

图 2.2　三种插值法效果比较

无论三阶收敛的三次卷积插值还是四阶收敛的三次卷积插值，都存在边界条件的问题。在一维情况下，三阶收敛的三次卷积插值分别在左、右边界各存在一个边界点，而由于四阶收敛的三次卷积插值参与运算的点数为 6，所以它

在左、右边界各存在 2 个边界点。下面就这两种情况分别进行讨论。

对于三阶收敛的三次卷积插值情况，每一个插值运算参与点数为 4，如果把要进行插值的原数据点数编号为 0，1，2，…，N，那么在左边点 0 与点 1 之间插值的时候会用到点 -1 的数值，同样在右边 $N-1$ 点与 N 点之间插值的时候又会用到点 $N+1$ 的数值，而点 -1 和点 $N+1$ 在原数据中都是不存在的，如何定义这些原本不存在的点的数值以保证在整个插值过程中都保持三阶收敛的插值精度，是边界条件讨论的内容。

左边界可以从式（2.27）中令 $j=0$ 并且合并 s 的相同幂次项得出如下关系式：

$$g(x) = \frac{1}{2}s^3(c_2 - 3c_1 + 3c_0 - c_{-1}) - \frac{1}{2}s^2(c_2 - 4c_1 + 5c_0 - 2c_{-1}) +$$
$$\frac{1}{2}s(c_1 - c_{-1}) + c_0 \tag{2.43}$$

若要保证 $g(x)$ 三阶收敛于原函数 $f(x)$，那么 s^3 的系数一定要为 0，即有关系式：

$$c_{-1} = c_2 - 3c_1 + 3c_0$$

或者

$$c_{-1} = f(x_2) - 3f(x_1) + 3f(x_0)$$

将以上关系式代入式（2.43），则有如下关系式：

$$g(x) = \frac{1}{2}s^2[f(x_2) - 2f(x_1) + f(x_0)] +$$
$$\frac{1}{2}s[-f(x_2) + 4f(x_1) - 3f(x_0)] + f(x_0) \tag{2.44}$$

在点 x_0 附近对 $f(x_1)$ 和 $f(x_2)$ 应用 Taylor 公式，有如下关系式：

$$f(x_2) = f(x_0) + 2f'(x_0)h + 2f''(x_0)h^2 + o(h^3) \tag{2.45}$$

$$f(x_1) = f(x_0) + f'(x_0)h + \frac{1}{2}f''(x_0)h^2 + o(h^3) \tag{2.46}$$

将式（2.45）和式（2.46）代入式（2.44），可得出如下结果：

$$g(x) = s^2\left(\frac{1}{2}f''(x_0)h^2\right) + s(f'(x_0)h) + f(x_0) \tag{2.47}$$

在点 x_0 附近对 $f(x)$ 应用 Taylor 公式，有如下关系式：

$$f(x) = f(x_0) + f'(x_0)sh + \frac{1}{2}f''(x_0)h^2 + o(h^3) \tag{2.48}$$

可知插值误差为 $f(x) - g(x) = o(h^3)$，为三阶收敛。

对于右边界也可以做类似的分析，$c_{N+1} = 3f(x_N) - 3f(x_{N-1}) + f(x_{N-2})$ 为右边界条件。

在进行四阶收敛的三次卷积插值的运算时，每一个插值运算参与点数为6，如果把要进行插值的原数据点数编号为 0，1，2，…，N，那么在左边点 0 与点 1 之间插值的时候会用到点 -1 和点 -2 的数值。同样，在右边点 $N-1$ 与点 N 之间插值的时候又会用到点 $N+1$ 和点 $N+2$ 的数值，而点 -2、点 -1、点 $N+1$ 和点 $N+2$ 在原数据中都是不存在的，和三阶收敛的三次卷积插值相比，此时左边界点和右边界点分别为 2 个。

对于左边界的讨论，可以令式（2.35）～式（2.40）中的 $j=0$，可得如下关系式：

$$c_{-2} = f(x_0) - 2hf'(x_0) + 2h^2f''(x_0) - \frac{4}{3}h^3f'''(x_0) + o(h^4) \quad (2.49)$$

$$c_{-1} = f(x_0) - hf'(x_0) + \frac{1}{2}h^2f''(x_0) - \frac{1}{6}h^3f'''(x_0) + o(h^4) \quad (2.50)$$

$$c_0 = f(x_0) \quad (2.51)$$

$$c_{+1} = f(x_{+1}) = f(x_0) + hf'(x_0) + \frac{1}{2}h^2f''(x_0) + \frac{1}{6}h^3f'''(x_0) + o(h^4)$$
$$(2.52)$$

$$c_{+2} = f(x_0) + 2hf'(x_0) + 2h^2f''(x_0) + \frac{4}{3}h^3f'''(x_0) + o(h^4) \quad (2.53)$$

$$c_{+3} = f(x_0) + 3hf'(x_0) + \frac{9}{2}h^2f''(x_0) + \frac{9}{2}h^3f'''(x_0) + o(h^4) \quad (2.54)$$

可以将以上关系式中的 $f(x_0)$、$hf'(x_0)$、$h^2f''(x_0)$、$h^3f'''(x_0)$ 看成变量，那么式（2.49）～式（2.54）就是四元一次方程组。由于变量是 4 个，方程为 6 个，且都是相容的，所以在 $o(h^4)$ 的允许误差范围内，6 个方程中必有 2 个可以用其余 4 个来表示。为了讨论左边界条件，所以有

$$c_{-2} = 10c_0 - 20c_1 + 15c_2 - 4c_3 \text{ 和 } c_{-1} = 4c_0 - 6c_1 + 4c_2 - c_3 \quad (2.55)$$

以上就是左边界条件，经过类似分析可知右边界条件为

$$c_2 = -c_{-2} + 4c_{-1} - 6c_0 + 4c_1 \text{ 和 } c_{+3} = -4c_{-2} + 15c_{-1} - 20c_0 + 10c_1$$
$$(2.56)$$

2.2.4　部分体积插值法

部分体积插值法是由 Collignon 提出来的[23-24]，它并不在一个新的位置上产生像素灰度值，而是针对于互信息配准算法在计算联合概率分布时的一种计算方法。该方法根据线性插值的权重分配原则，将每对像素对联合直方图的贡

献分散到联合直方图上与之相邻的各个像素对上，这样不会由于插值而产生新的灰度值。更为重要的是，联合直方图上各个点的值以小数增加，而不是以 1 增加，从而得到比较光滑的目标函数，有利于优化搜索。这种方法是针对互信息配准算法的，将在后面的相应章节进行详细讨论。

2.2.5 薄板样条插值法

薄板样条插值法和前面所介绍的插值方法不同的地方是，它不是在一个网格点上产生一个新的灰度值，而是产生一个新的空间点的坐标值。前面的方法可以称为灰度插值法，这里讨论的薄板样条插值法可以称为空间插值法。薄板样条插值法常常用于弹性空间变换的情形，在已知几个坐标点原来的位置和对应的新位置的情况下确定其余的点在能量最小原则下的新位置的坐标值就用到了薄板样条插值法。

首先来看基函数：

$$z(x,y) = -u(r) = -r^2 \log r^2 \tag{2.57}$$

基函数 z 是点坐标值 (x,y) 的函数，也可以看成半径 r 的函数，其关系如图 2.3 所示。

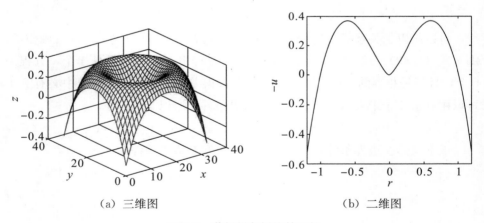

（a）三维图　　　　　　　　　　（b）二维图

图 2.3　薄板样条插值基函数

由图 2.3 可以看出，三维图的中间有个凹陷，对应为二维图中 r 为 0 的那个点，此点的值为 0。这是因为我们可以利用洛必达法则求出这个点的极限值，为了保证函数在这一点的连续性可以将这一点的值定义为它在这一点的极限。由洛必达法则可知

$$\lim_{r\to 0}(r^2\log r^2) = \lim_{r\to 0}\frac{\log r^2}{r^{-2}} = \lim_{r\to 0}\frac{(\log r^2)'}{(r^{-2})'} = \lim_{r\to 0}(-r^2) = 0 \quad (2.58)$$

由图 2.3（b）可以求出函数 z 的极大值点在 $r=0.607$ 处，此时其 z 值为 0.368。定义如下：

$$\Delta^2 u = \nabla^2 u = \frac{\partial^4 u}{\partial x^4} + 2\frac{\partial^4 u}{\partial x^2 \partial y^2} + \frac{\partial^4 u}{\partial y^4} \quad (2.59)$$

将式（2.57）代入式（2.59），可知在非 0 点处，$\Delta^2 u$ 处处为 0。在 0 点处有

$$\iint_{R^2} \Delta^2 u \, \mathrm{d}x \mathrm{d}y = 8\left[\arctan\left(\frac{y}{x}\right) + \arctan\left(\frac{x}{y}\right)\right] = 4\pi$$

可知，$\Delta^2 u = 4\pi\delta(x,y)$，其中 $\delta(x,y)$ 是一个积分为 1，除 0 点外处处为 0 的函数。

薄板样条插值法经常应用于非刚体匹配中，它寻找一个通过所有的控制点的弯曲最小的光滑曲面。如设 i（或 j）为控制点的序号，经过对点（0,0）的处理后可设

$$u(r_{ij}) = \begin{cases} r_{ij}^2 \log r_{ij}^2 & r_{ij} \neq 0 \\ 0 & r_{ij} = 0 \end{cases} \quad (2.60)$$

其中，$r_{ij} = |p_i - p_j|$ 代表两点之间的距离。再定义矩阵如下：

$$\boldsymbol{K} = \begin{pmatrix} 0 & u(r_{12}) & \cdots & u(r_{1n}) \\ u(r_{21}) & 0 & \cdots & u(r_{2n}) \\ \vdots & \vdots & & \vdots \\ u(r_{n1}) & u(r_{n2}) & \cdots & 0 \end{pmatrix}, \quad \boldsymbol{P} = \begin{pmatrix} 1 & x_1 & y_1 \\ 1 & x_2 & y_2 \\ \vdots & \vdots & \vdots \\ 1 & x_n & y_n \end{pmatrix} \quad (2.61)$$

$$\boldsymbol{W} = \begin{pmatrix} w_{x1} & w_{y1} \\ w_{x2} & w_{y2} \\ \vdots & \vdots \\ w_{xn} & w_{yn} \end{pmatrix}, \quad \boldsymbol{a} = \begin{pmatrix} a_{x1} & a_{y1} \\ a_{xx} & a_{yx} \\ a_{xy} & a_{yy} \end{pmatrix}, \quad \boldsymbol{V} = \begin{pmatrix} x_1' & y_1' \\ x_2' & y_2' \\ \vdots & \vdots \\ x_n' & y_n' \end{pmatrix} \quad (2.62)$$

设
$$\boldsymbol{L} = \begin{pmatrix} \boldsymbol{K} & \boldsymbol{P} \\ \boldsymbol{P}^{\mathrm{T}} & \boldsymbol{O}_{3\times 3} \end{pmatrix}$$

有
$$\boldsymbol{L}\begin{bmatrix} \boldsymbol{W} \\ \boldsymbol{a} \end{bmatrix} = \begin{bmatrix} \boldsymbol{V} \\ \boldsymbol{O}_{3\times 2} \end{bmatrix}$$

可得
$$\begin{bmatrix} \boldsymbol{W} \\ \boldsymbol{a} \end{bmatrix} = \boldsymbol{L}^{-1}\begin{bmatrix} \boldsymbol{V} \\ \boldsymbol{O}_{3\times 2} \end{bmatrix} \quad (2.63)$$

求得 $\boldsymbol{W}$ 和 $\boldsymbol{a}$ 后，已知点坐标 (x,y) 可求得变换后的坐标 (x',y')，二

者之间的关系为

$$x' = a_{x1} + a_{xx}x + a_{xy}y + \sum_{i=1}^{n} w_{xi}u(|(x,y) - p_i|) \tag{2.64}$$

$$y' = a_{y1} + a_{yx}x + a_{yy}y + \sum_{i=1}^{n} w_{yi}u(|(x,y) - p_i|) \tag{2.65}$$

例如，原来有 4 个点 $(0,1)$，$(-1,0)$，$(0,-1)$ 和 $(-1,0)$，分别映射（变换）到新的点 $(0,0.75)$，$(-1,0.25)$，$(0,-1.25)$ 和 $(1,0.25)$，可通过如下方法计算变换系数：

$$\boldsymbol{K} = \begin{pmatrix} 0 & 1.3863 & 5.5452 & 1.3863 \\ 1.3863 & 0 & 1.3863 & 5.5452 \\ 5.5452 & 1.3863 & 0 & 1.3863 \\ 1.3863 & 5.5452 & 1.3863 & 0 \end{pmatrix}, \boldsymbol{P} = \begin{pmatrix} 1 & 0 & 1 \\ 1 & -1 & 0 \\ 1 & 0 & -1 \\ 1 & 1 & 0 \end{pmatrix}$$

$$\tag{2.66}$$

则有

$$\boldsymbol{L} = \begin{pmatrix} 0 & 1.3863 & 5.5452 & 1.3863 & 1 & 0 & 1 \\ 1.3863 & 0 & 1.3863 & 5.5452 & 1 & -1 & 0 \\ 5.5452 & 1.3863 & 0 & 1.3863 & 1 & 0 & -1 \\ 1.3863 & 5.5452 & 1.3863 & 0 & 1 & 1 & 0 \\ 1 & 1 & 1 & 1 & 0 & 0 & 0 \\ 0 & -1 & 0 & 1 & 0 & 0 & 0 \\ 1 & 0 & -1 & 0 & 0 & 0 & 0 \end{pmatrix} \tag{2.67}$$

可得

$$\boldsymbol{L}^{-1} = \begin{pmatrix} 0.0902 & -0.0902 & 0.0902 & -0.0902 & 0.25 & 0 & 0.5 \\ -0.0902 & 0.0902 & -0.0902 & 0.0902 & 0.25 & -0.5 & 0 \\ 0.0902 & -0.0902 & 0.0902 & -0.0902 & 0.25 & 0 & -0.5 \\ -0.0902 & 0.0902 & -0.0902 & 0.0902 & 0.25 & 0.5 & 0 \\ 0.25 & 0.25 & 0.25 & 0.25 & -2.08 & 0 & 0 \\ 0 & -0.5 & 0 & 0.5 & 0 & 2.78 & 0 \\ 0.5 & 0 & -0.5 & 0 & 0 & 0 & 2.78 \end{pmatrix}$$

$$\tag{2.68}$$

$$V = \begin{pmatrix} 0 & 0.75 \\ -1 & 0.25 \\ 0 & -1.25 \\ 1 & 0.25 \end{pmatrix} \tag{2.69}$$

将式（2.68）、式（2.69）代入式（2.63），可得

$$\begin{bmatrix} W \\ a \end{bmatrix} = \begin{pmatrix} 0 & -0.09 \\ 0 & 0.09 \\ 0 & -0.09 \\ 0 & 0.09 \\ 0 & 0 \\ 1 & 0 \\ 0 & 1 \end{pmatrix} \tag{2.70}$$

将式（2.70）代入式（2.64）、式（2.65），可得

$$x' = x \tag{2.71}$$

$$y' = y - 0.09u(|(x,y) - p_1|) + 0.09u(|(x,y) - p_2|)$$
$$= -0.09u(|(x,y) - p_3|) + 0.09u(|(x,y) - p_4|) \tag{2.72}$$

以上为薄板样条插值法的运算过程。通过这个运算过程可知薄板样条插值是寻找一个通过所有控制点的弯曲最小的光滑曲面。弯曲最小由一个能量函数定义，从数学上看就是一个二重积分。薄板样条插值法常用来对形状进行非刚体变形。这样的操作过程对于不包含在点集中的点，就可以通过插值得到相应的目标点，从而完成整个曲面的变形。在某些情况下，数据（控制点坐标）可能存在噪声，这时可能会放松要求，薄板样条插值法得到的曲面不一定要通过所有的控制点，这就是正则化，并由一个正则化参数 λ 控制。如果 $\lambda = 0$，就是普通的薄板样条插值；如果 λ 为无穷大，薄板样条就退化为均方误差最小平面，对于变形操作来说就是一般的仿射变换。正则化的薄板样条插值是非刚体变换中最常用的插值变换，和模拟退火算法相结合，通过控制正则化参数来得到全局最优点。

$$H(f) = \sum_{i=1}^{n} (v_i - f(x_i, y_i))^2 + \lambda I_f \tag{2.73}$$

正则化的过程就是使式（2.73）最小化，下面将用具体例子来说明这个问题。

设有两个点集，如图 2.4 所示，右上角的点集 1 和左下角的点集 2 各包含 5 个点，需要将点集 1 中的每个点用薄板样条插值法变换到点集 2 中同序号的点

上去。点集 1 的坐标为 (0.2816,0.5866)，(0.3000,0.5939)，(0.3201,0.5856)，(0.2918,0.5732) 和 (0.3100,0.5410)，点集 2 的坐标为 (0.1546,0.4944)，(0.1859,0.5219)，(0.1944,0.4894)，(0.2157,0.4657) 和 (0.2369,0.4412)。

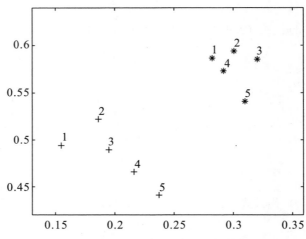

图 2.4 进行薄板样条插值的两个点集

当正则化参数为 0 时，可求得薄板样条插值过程如下：

$$K = 0.01 \times \begin{pmatrix} 0 & -0.31 & -0.97 & -0.23 & -1.69 \\ -0.31 & 0 & -0.36 & -0.38 & -1.69 \\ -0.97 & -0.36 & 0 & -0.66 & -1.29 \\ -0.23 & -0.38 & -0.66 & 0 & -0.90 \\ -1.69 & -1.69 & -1.29 & -0.90 & 0 \end{pmatrix} \qquad (2.74)$$

$$P = \begin{pmatrix} 1 & 0.2816 & 0.5866 \\ 1 & 0.3000 & 0.5939 \\ 1 & 0.3201 & 0.5856 \\ 1 & 0.2918 & 0.5732 \\ 1 & 0.3100 & 0.5410 \end{pmatrix}$$

则有
$$L = \begin{bmatrix} K & P \\ P^{\mathrm{T}} & O_{3\times3} \end{bmatrix} \qquad (2.75)$$

$$\boldsymbol{L}^{-1} = \begin{pmatrix} 530.2 & -413.9 & 272.7 & -448.6 & 59.6 & 5.8 & -23.6 & 5.5 \\ -413.9 & 718.8 & -436 & 9.1 & 122 & -8.4 & 4.5 & 12.3 \\ 272.7 & -436 & 266 & -38.5 & -64.3 & -12.3 & 24.1 & 9.5 \\ -448.6 & 9.1 & -38.5 & 673.7 & -195.7 & 5.8 & -7.2 & -10 \\ 59.6 & 122 & -64.3 & -195.7 & 78.4 & 10.1 & 2.3 & -17.3 \\ 5.8 & -8.4 & -12.3 & 5.8 & 10.1 & -5.1 & 4.2 & 6.8 \\ -23.6 & 4.5 & 24.1 & -7.2 & 2.3 & 4.2 & -13 & -0.5 \\ 5.5 & 12.3 & 9.5 & -10 & -17.3 & 6.8 & -0.5 & -11.6 \end{pmatrix}$$

$$(2.76)$$

$$\boldsymbol{V} = \begin{pmatrix} 0.1546 & 0.4944 \\ 0.1859 & 0.5219 \\ 0.1944 & 0.4894 \\ 0.2157 & 0.4657 \\ 0.2369 & 0.4412 \end{pmatrix} \qquad (2.77)$$

将式（2.76）、式（2.77）代入式（2.63），可得

$$\begin{bmatrix} \boldsymbol{W} \\ \boldsymbol{a} \end{bmatrix} = \begin{pmatrix} -24.61 & -3.04 \\ 15.74 & 15.2 \\ -10.7 & -8.8 \\ 23.8 & -8.5 \\ -4.2 & 5.12 \\ 0.58 & -0.38 \\ 0.85 & 0.09 \\ -1.27 & 1.49 \end{pmatrix} \qquad (2.78)$$

将式（2.78）代入式（2.64）、式（2.65），可得

$$(x', y') = \boldsymbol{V} \qquad (2.79)$$

式（2.79）说明通过薄板样条插值，点集 1 完整无误地变换到了点集 2 上。图 2.5 为两个点集之间的空间变换结果。从图中的小点可以看到空间扭曲的效果。

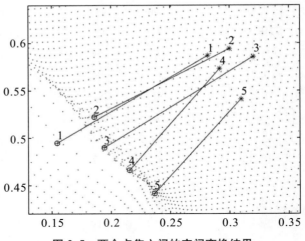

图 2.5 两个点集之间的空间变换结果

当采用正则化方法时，求解过程有一些变化，主要体现在矩阵 L 上，此时 L 矩阵如式（2.80）：

$$L = \begin{pmatrix} K+\lambda E & P \\ P^{T} & O_{3\times3} \end{pmatrix} \tag{2.80}$$

若取正则化系数 $\lambda = 0.001$，其中 E 是单位矩阵，同样可得式（2.80）之逆矩阵，如式（2.81）：

$$L^{-1} = \begin{pmatrix}
223.7 & -160.9 & 107.3 & -201.1 & 31 & 5.31 & -21.7 & 3.72 \\
-160.9 & 325.4 & -195.3 & -36.1 & 67 & -7.6 & 3.5 & 11.8 \\
107.3 & -195.3 & 118.1 & 5.4 & -35.5 & -12.8 & 24.7 & 9.6 \\
-201.1 & -36.1 & 5.4 & 336.7 & -104.9 & 5.8 & -9.3 & -6.9 \\
31 & 67 & -35.5 & -104.9 & 42.3 & 10.2 & 2.7 & -18.2 \\
5.31 & -7.6 & -12.8 & 5.8 & 10.2 & -5.5 & 4.69 & 7.2 \\
-1.7 & 3.5 & 24.7 & -9.3 & 2.7 & 4.7 & -14.2 & -0.7 \\
3.72 & 11.8 & 9.6 & -6.9 & -18.2 & 7.2 & -0.7 & -12.3
\end{pmatrix} \tag{2.81}$$

矩阵 V 和式（2.77）相同，没有变化，将式（2.81）代入（2.63），可得

$$\begin{bmatrix} \boldsymbol{W} \\ \boldsymbol{a} \end{bmatrix} = \begin{bmatrix} -10.5 & -0.84 \\ 5.72 & 7.4 \\ -4 & -4.23 \\ 11 & -5.1 \\ -2.24 & 2.78 \\ 0.61 & -0.36 \\ 0.75 & 0.09 \\ -1.17 & 1.44 \end{bmatrix} \tag{2.82}$$

将式（2.82）代入式（2.64）、式（2.65），可得

$$(x',y') = \begin{bmatrix} 0.1651 & 0.4952 \\ 0.1802 & 0.5145 \\ 0.1984 & 0.4936 \\ 0.2047 & 0.4708 \\ 0.2391 & 0.4384 \end{bmatrix} \tag{2.83}$$

通过和式（2.79）进行比较，可以看出此处计算得到的映射的点和 $\boldsymbol{V}$ 并不相等，这是因为正则化系数的作用，它的作用就是让点集 1 的点不严格地映射到点集 2 上去。图 2.6 是此种情况下的空间变换结果。图中"○"代表的点就是点集 1 映射后的点，可以看出并没有和点集 2 中的对应点重合，这是和图 2.5 不同的地方。

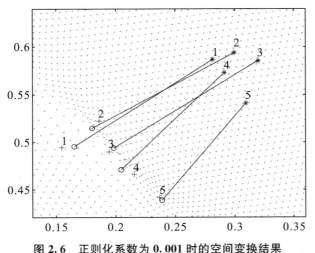

图 2.6　正则化系数为 0.001 时的空间变换结果

为了观察正则化系数的变化对空间变换结果的影响，取正则化系数 $\lambda =$

0.01，可得矩阵 $\boldsymbol{L}$ 的逆矩阵如下：

$$
\boldsymbol{L}^{-1} =
\begin{pmatrix}
36.28 & -24.1 & 16.3 & -34.4 & 5.9 & 5.1 & -20.5 & 2.47 \\
-24.1 & 56.03 & -33.4 & -11.8 & 13.2 & -7.04 & 3.16 & 10.97 \\
16.3 & -33.4 & 20.02 & 4.08 & -7 & 13.1 & 25.02 & 10.01 \\
-34.4 & -11.8 & 4.08 & 62.36 & -20.3 & 5.73 & -10.8 & -4.3 \\
5.9 & 13.2 & -7 & -20.3 & 8.22 & 10.34 & 3.14 & -19.1 \\
5.1 & -7.04 & -13.1 & 5.73 & 10.34 & -8.99 & 9.04 & 10.97 \\
-20.5 & 3.16 & 25.02 & -10.8 & 3.14 & 9.04 & -24.8 & -2.67 \\
2.47 & 10.97 & 10.01 & -4.3 & -19.1 & 10.97 & -2.67 & -17.8
\end{pmatrix}
$$

$$(2.84)$$

将式（2.84）、式（2.77）代入式（2.63），可得

$$
\begin{pmatrix} \boldsymbol{W} \\ \boldsymbol{a} \end{pmatrix} =
\begin{pmatrix}
-1.72 & -0.07 \\
0.79 & 1.35 \\
-0.57 & -0.77 \\
1.93 & -1.05 \\
-0.43 & 0.54 \\
0.61 & -0.35 \\
0.69 & 0.11 \\
-1.1 & 1.39
\end{pmatrix}
$$

$$(2.85)$$

将式（2.85）代入式（2.64）、式（2.65），可得式（2.86）所示的最后点集 1 映射的结果：

$$
(x', y') =
\begin{pmatrix}
0.1718 & 0.4951 \\
0.1780 & 0.5084 \\
0.2001 & 0.4970 \\
0.1964 & 0.4762 \\
0.2412 & 0.4358
\end{pmatrix}
$$

$$(2.86)$$

通过和式（2.79）、式（2.83）进行比较，可以看出式（2.86）计算得到的映射的点既和 $\boldsymbol{V}$ 不相等也有别于 $\lambda = 0.001$ 时得到的结果，此处的结果和 $\boldsymbol{V}$ 之间的差别更大。图 2.7 是其最后的空间变换结果。

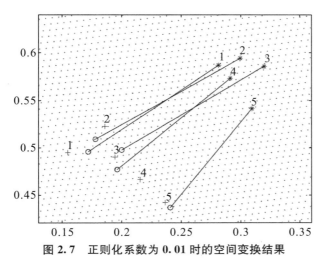

图 2.7　正则化系数为 0.01 时的空间变换结果

可以看出，和图 2.6 相比较，图 2.7 所示的空间变换更加平缓，空间扭曲成分减少，更多的是仿射变换的结果。

2.3　本章小结

图像配准不可避免要进行空间变换。一般来说，可将空间变换分成刚体变换和非刚体变换两种情况来研究。刚体变换主要用于同一研究对象的配准，是一种最简单的空间变换。所谓刚体，是指物体变换前后内部任意两点间的距离保持不变。它是仿射变换没有尺度变换与剪切变换的一个特例。在医学成像中，人体的骨骼一般可以认为是刚体，例如可将人脑看作一个刚体。目前，刚体变换广泛应用于多模态脑图像的配准。非刚体变换可以用前面讨论的薄板样条插值法来实现，薄板样条插值法属于空间插值运算。还有一种插值运算可以称为灰度插值法，用于计算非网格点上的灰度值。

本章介绍了最常用的图像灰度插值法：最近邻插值法、线性插值法和三次卷积插值法。最近邻插值法运算量最小，插值速度最快，但是插值效果最差，在图像放大或旋转时可以看到"锯齿效应"。三次卷积插值法的运算量最大，插值速度最慢，插值效果也最好。线性插值法的运算量和插值效果居于最邻近插值法和三次卷积插值法之间，可以认为是二者的折中。使用哪种插值法，要看具体的任务要求和环境，综合各方面的条件做一个最优化的选择。

本章所讨论的内容是后面章节所要研究内容的基础。

第3章 基于信息熵的图像配准法

基于信息熵的图像配准法直接利用图像的灰度信息，具有配准精度高，不需要预处理且能自动配准的优点[25]。近年来，基于信息熵的图像配准法在多模态图像配准中取得了成功[26]。配准精度高的原因除了信息熵本身的特点外，还有配准时利用的是所有的灰度信息，信息量的利用率高；再者，和基于特征的图像配准法相比较，没有特征提取这个过程，所以也不存在特征提取所产生的误差。但是基于信息熵的图像配准法也具有其本身的缺点。比如，利用了全部的灰度信息，但是对像素的空间信息利用不够充分；基于信息熵的图像配准法普遍存在配准测度对重叠面积变化鲁棒性差的缺点。本章就这一方面的问题进行讨论，并在详细分析的基础上提出改进办法。

3.1 几种配准测度的性能分析

为了说明几种配准测度在性能方面的差异，在本节的配准实验中选用 MRI 图像作为参考图像，选用 PET 图像作为待配准图像。选用这两种图像进行配准的原因是 MRI 图像的灰度特性和 PET 图像的灰度特性相差较远，配准起来更加困难。将在这两种图像中可以有效配准的方法运用到其他模态的图像配准中一般也可以成功。

图 3.1 是同一个人的头部不同层面对应的 MRI 图像和 PET 图像。同序号的一对 MRI 图像和 PET 图像对应着同一层面。

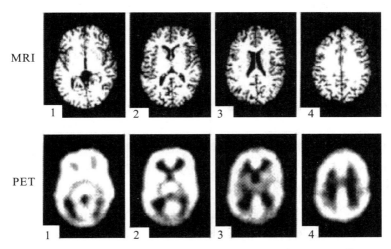

图 3.1　一个人的头部不同层面对应的 MRI 图像和 PET 图像

从图 3.1 可以看到，在 MRI 图像中可以显示的细节部分在 PET 图像中就比较模糊，有的地方甚至不显示。正是这种某些区域数据的缺失造成了配准的困难，也正是这种信息上的互补关系使配准更有意义和更有必要。所选图像大小为 200×150，灰度级别为 256。在配准实验中，先将 MRI 图像固定不动，随机地把对应的 PET 图像平移和旋转一定的量形成待配准图像，然后进行配准。把配准结果和平移量、旋转量进行比较，对误差进行统计分析。为了让结果更具有代表性，先后进行 5 轮实验，共进行 20 次配准。

在医学成像的特定条件下，考虑到放射线、示踪剂和强磁场等对人体的有害影响，在成像时需要将这些有害的影响控制在一定的范围内，加上成像模式本身的限制，常常导致图像不清晰，并伴有噪声。所以本节的配准实验是在不同程度的噪声条件下进行的。所加噪声是均值都为 0，标准差分别为 30、50、70、90 的正态分布的噪声。

表 3.1 是在不同噪声条件下所讨论的几种配准测度的配准成功率。误差在一个像素之内的配准算成功配准。

表 3.1　几种配准测度在不同噪声条件下的配准成功率

噪声条件	$PIU(A,B)$	$H(A,B)$	$I(A,B)$	$I_3(A,B)$	$CR(A,B)$	$RE(A,B)$
$N(0,30)$	93%	92%	92%	93%	95%	86%
$N(0,50)$	91%	89%	90%	92%	93%	80%
$N(0,70)$	86%	78%	85%	87%	90%	71%

噪声条件	$PIU(A,B)$	$H(A,B)$	$I(A,B)$	$I_3(A,B)$	$CR(A,B)$	$RE(A,B)$
$N(0,90)$	76%	58%	61%	65%	67%	54%

由表 3.1 可以看出，在同一噪声条件下，相关比 $CR(A,B)$ 的配准成功率最高，比值方差 $RE(A,B)$ 的配准成功率最低，其余配准测度的配准成功率差别不大。配准成功率仅说明配准误差在一个像素之内的概率，并不能完全反映配准测度的性能。把所有配准成功的个例的误差求平均值表示配准精度，也可以用来反映配准测度的性能。

表 3.2 是所讨论的各个配准测度在不同噪声条件下的配准精度。可以看到，归一化互信息 $I_3(A,B)$ 的配准精度最高。

表 3.2　几种配准测度在不同噪声条件下的配准精度（单位：像素）

噪声条件	$PIU(A,B)$	$H(A,B)$	$I(A,B)$	$I_3(A,B)$	$CR(A,B)$	$RE(A,B)$
$N(0,30)$	0.71	0.69	0.68	0.63	0.72	0.75
$N(0,50)$	0.78	0.75	0.71	0.67	0.76	0.81
$N(0,70)$	0.88	0.81	0.78	0.75	0.87	0.87
$N(0,90)$	0.97	0.95	0.91	0.86	0.95	0.96

3.2　互信息配准测度中空间信息的缺失

用互信息配准测度进行配准具有精度高的优点，但是从表 3.1 也可以看到，它的配准成功率略低于相关比。这种情况，特别是在对于像 PET 这样有灰度值缺失的图像配准中表现尤为明显。这是因为在互信息计算中涉及联合熵，而联合熵的计算是基于联合概率分布的，在联合概率分布的计算中只是考虑了像素的灰度值，没有考虑像素的空间位置因素。也就是说，不论一对像素处在图像的什么位置，只要它们的值符合一定的数值规定，那么它们对联合概率分布的贡献就是一样的，不会因为它们的位置不同而有差别。这样从对信息的利用来看就是一个不足的方面。特别是在成像模态相差较大的图像之间进行配准时，其缺陷更加明显。在实际的成像中，同一个对象在图像中的灰度值是一个连续的范围，而不是一个固定值，不同对象的灰度值也可能存在交叉现象，所以同一对象在不同模态的图像中灰度值并非一一对应的关系，有可能是多对多、一对多或者多对一的关系。这样的特点在互信息的计算中没有得到体现。

本节将用人工合成的方式来模拟这样的图像。图 3.2（a）是一个二值图像，大小为 30×40。图像分为左、中、右三部分。左、右部分的灰度值分别为 1 和 25，大小都为 30×13，即 30 行、13 列。中间部分灰度值为 215，大小为 30×14。此图可以用来模拟在某种成像方式下三种不同的对象。特点是同一个对象对应的灰度值是单一的值。图 3.2（b）也分为左、中、右三部分。左、右部分大小都为 30×8，即 30 行、8 列，但两部分的灰度值不相同，都是灰度渐变的条带图像。中间部分也是灰度渐变的条带图像，只是亮度较高，大小为 30×14。图 3.2（b）的中间部分对应于图 3.2（a）的中间部分，大小都为 30×14，区别在于图 3.2（a）的中间部分是单一的值，图 3.2（b）的中间部分是一个灰度值渐变的条带，这样设计的目的在于模拟一种多模态的成像方式。在图 3.2（b）中，同一对象的灰度值是一个连续的分布范围而不是单一的数值。图 3.2（c）是图 3.2（b）中的条带进行随机交换形成的，与图 3.2（a）、图 3.2（b）相比，没有对应关系。可以认为，图 3.2（c）中没有图 3.2（a）和图 3.2（b）共同包含的对象。

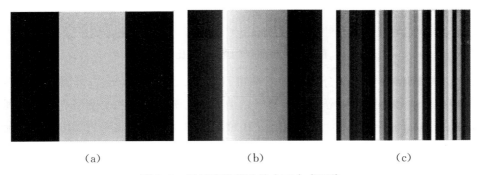

（a） （b） （c）

图 3.2 用于配准实验的人工合成图像

将图 3.2（a）作为参考图像，图 3.2（b）作为待配准图像进行配准，得到的互信息曲线如图 3.3（a）所示，相关比曲线如图 3.3（b）所示。

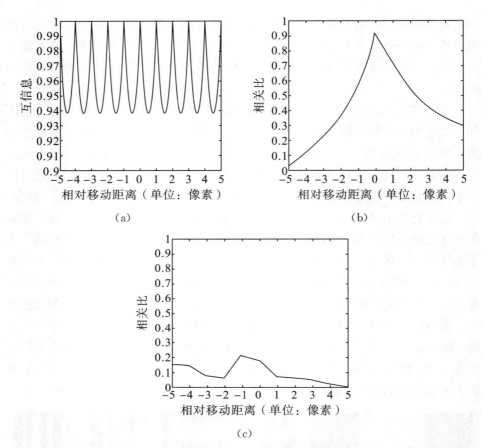

图 3.3　互信息曲线和相关比曲线

　　在非网格点使用部分体积插值法进行插值。从图 3.3（a）可以看到，在网格点互信息的值都相等，在非网格点是下凸的函数，在两个网格点的正中间位置互信息的值也相等，这样就不存在全局极值点。所以此时用互信息进行配准是得不到配准位置的。观察图 3.3（b），在 0 点有极大值出现，这个位置正好是配准位置。从这里可以看到互信息配准的局限性。如果将图 3.2（c）作为待配准图像和图 3.2（a）进行配准实验，得到的互信息曲线仍然是图 3.3（a），得到的相关比曲线是图 3.3（c），此时无论是互信息还是相关比都不存在全局极值点。这种情况下的结果是合理的。观察图 3.2（a）和图 3.2（c）可以发现，它们之间没有反映同一对象的内容。从以上分析可以看出，互信息计算中由于像素点的空间信息利用不够充分从而导致利用互信息进行配准时成功率与相关比相比略有下降。

3.3　重叠面积和配准测度的关系分析

在图像配准的过程中需要定义一个评价图像相似性大小的指标，即配准测度函数。按配准测度函数来分类，配准技术主要分为基于几何特征的方法和基于像素灰度的方法[27]。在基于像素灰度的方法中，人们提出了各种各样的配准测度。理想的情况是配准测度只反映两幅图像之间的相似程度，这样它的全局极值点就是图像的配准点。而实际上，有一部分配准测度的值会受到两幅图像之间重叠面积变化的影响[28]，即当两幅图像在配准过程中由于平移或旋转会引起重合部分大小即重叠面积发生变化时，某些配准测度本身对重叠面积变化敏感，它的全局极值点就不一定是配准点，这样的结果就会影响配准过程从而使配准精度下降。这就需要分析各个配准测度和重叠面积变化的关系，清楚地掌握它们之间的关系有助于对配准结果进行分析以及在配准过程中对配准测度进行比较和选择。本节力图揭示配准测度和重叠面积之间的关系，为多模态图像配准过程中配准测度的选择提供一个参考。

3.3.1　一元线性回归及相关性检验

在配准两幅图像时需要把两幅图像中反映同一对象的内容在空间上对齐，配准测度是反映这种对齐度的指标。理想的情况是：配准测度的值只反映两幅图像之间的对齐度，它的全局最大（对于距离测度来说是最小）值点对应的就是配准位置。实际上有一些配准测度的取值还与两幅图像之间的重叠面积大小有关，在这种情况下，它的全局最大（或最小）值点就不能准确反映图像之间的配准位置。为了找到一个受重叠面积变化影响最小的配准测度，就需要先研究这些配准测度随重叠面积变化的规律。本节选用两幅相互独立的随机噪声图像进行配准。可以认为，在这两幅图像中不包含反映同一对象的内容，也就是说它们的灰度值之间不具有相关性，这时配准测度的取值中就不再有对齐度这个因素。从统计意义上来讲，此时配准测度的值主要受重叠面积大小的影响。图 3.4（a）和图 3.4（b）分别为两幅相互独立的均值为 128、标准差为 30 的正态分布随机噪声图像。相关比表示两个变量之间的函数相关性，可以用它来研究两幅图像的灰度值之间是否存在函数相关性。相关比的取值为 $[0,1]$，其值为1时表示两变量之间有确定的函数关系，其值为0时表示两变量完全独立。

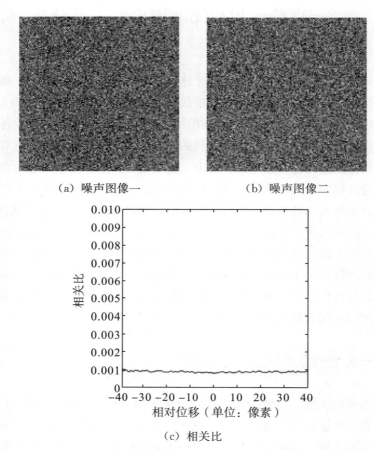

（a）噪声图像一　　　　　　　（b）噪声图像二

（c）相关比

图 3.4　两幅相互独立的图像和它们之间的相关比

图 3.4（c）是图 3.4（a）和图 3.4（b）之间的相关比，横轴表示两幅图像之间的相对位移。可以看到，两幅图像的灰度值之间的相关比很小，并且不随相对位移而变化，局部的起伏是由数据的随机性引起的。这说明用随机分布的噪声图像来研究配准测度随重叠面积变化的规律是可行的。

为了研究上述配准测度随重叠面积变化的规律，在配准过程中选用两幅相互独立的、大小均为 200×200 的随机噪声图像进行配准试验。图像中的每一个像素用 8 位二进制数表示，为了使结果更具代表性，本实验选用不同分布的随机噪声图像进行配准，共进行 5 次试验。第 1 次至第 4 次实验用正态分布的随机噪声图像进行配准，它们的均值都为 128，标准差分别为 20、30、40、

50。第 5 次实验用均匀分布的噪声图像进行配准。在图像的平移过程中，重叠部分的变化可以看成与内容无关、只与面积大小有关的随机数据。这样得到的配准测度的值可以用来研究其大小随重叠面积变化的规律。一个图像作为参考图像不动，另一个图像作为待配准图像做左、右各 40 个像素的移动。所有配准测度的数据形成一个 12×81 的矩阵。12 个行向量分别代表 12 个配准测度，每个向量中的 81 个点表示左、右各移动 40 个像素和中间位置形成的 81 个数据。为了方便运算，这里用相对面积来表示重叠面积的大小。重叠面积最大时为 200×200，即 40000，把此时的相对面积设为 100，并按此比例计算每移动一个像素后的相对面积，可知在左、右各移动 40 个像素后的相对面积为 80。其中，联合熵、互信息和相关系数的配准曲线如图 3.5 所示。

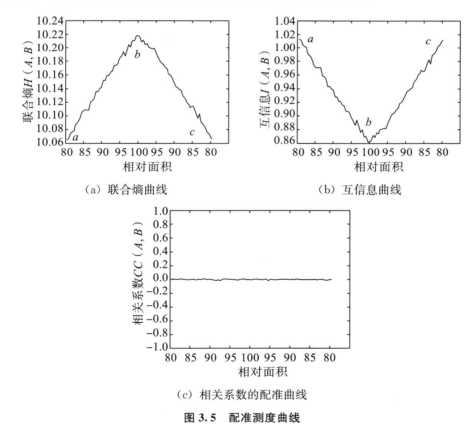

（a）联合熵曲线　　　　　　（b）互信息曲线

（c）相关系数的配准曲线

图 3.5　配准测度曲线

由图 3.5 可以看出，联合熵 $H(A,B)$ 的值随面积增大而增大，在 ab 段是上升过程，在 bc 段是下降过程，互信息 $I(A,B)$ 的变化规律则相反。其余的六个测度中，$H(B|A)$、$I_2(A,B)$、$E(A,B)$ 的变化规律和联合熵类似，

$I_1(A,B)$、$I_3(A,B)$、$I_4(A,B)$ 的变化规律和互信息类似。从以上 8 个配准测度的变化规律来看，它们的值和重叠面积的大小有关，下面将用数理统计的方法证明这是一种线性关系。图 3.5（c）是相关系数 $CC(A,B)$ 的变化规律，可以看到其值很小，在 0 点附近起伏。相关比 $CR(A,B)$、比值方差 $RE(A,B)$ 和划分灰度一致性 $PIU(A,B)$ 的变化规律与相关系数类似。这四个配准测度的特点是：它们的取值与重叠面积大小无关，只在很小的范围内波动。

对联合熵等 8 个配准测度进行分析，假定它们和面积的关系是线性的，即有 $y=y_0+kx$ 的关系。其中，y 代表配准测度；x 代表面积；y_0 是当 $x=0$ 时 y 的值；k 是变化率，其值越大说明配准测度的值随面积的变化率越大。在进行回归分析前，应先进行相关性检验，目的在于定量分析配准测度和面积的线性相关性的大小。只有在符合一定条件时才能认定配准测度和面积存在线性相关性，此时，做回归分析才有意义。由相关性检验可知，统计量

$$F = \frac{(n-2)U}{Q} \sim F(1, n-2) \tag{3.1}$$

式中，n 是统计的点数，U 和 Q 的定义如下：

$$\begin{cases} U = \dfrac{s_{xy}^2}{s_{xx}} \\ Q = s_{yy} - U \\ s_{xx} = \displaystyle\sum_{i=1}^{n}(x-\bar{x})^2 \\ s_{xy} = \displaystyle\sum_{i=1}^{n}(x-\bar{x})(y-\bar{y}) \\ s_{yy} = \displaystyle\sum_{i=1}^{n}(y-\bar{y})^2 \end{cases} \tag{3.2}$$

式中，$\bar{x}$、$\bar{y}$ 分别是 x、y 的均值。对于给定的检验水平 α，由 F 分布表可查得满足

$$p(F > \lambda_\alpha) = \alpha$$

的临界值 λ_α。通常取 $\alpha=0.05$ 或 $\alpha=0.01$。

如果 $F \leqslant \lambda_{0.05}$，就认为 y 对 x 的线性关系不显著，即配准测度和面积之间的线性关系不成立。

如果 $\lambda_{0.05} < F \leqslant \lambda_{0.01}$，就认为 y 对 x 的线性关系显著，即配准测度和面积之间的线性关系基本成立。

如果 $F > \lambda_{0.01}$，就认为 y 对 x 的线性关系特别显著，即配准测度和面积之间的线性关系成立。

对已知的 8 个配准测度进行分析，分别把每个测度的 81 个样本点分成 ab 段和 bc 段进行讨论，其 F 值分别用 F_1 和 F_2 表示。用序号 1、2、3、4、5 分别表示 5 次实验。各个配准测度的 F 值见表 3.3。

表 3.3　各个配准测度的 F 值

序号	$H(B\mid A)$		$H(A,B)$		$I(A,B)$		$I_1(A,B)$		$I_2(A,B)$		$I_3(A,B)$		$I_4(A,B)$		$E(A,B)$	
	F_1	F_2	F_1	F_2	F_1	F_2	F_1	F_2	F_1	F_2	F_1	F_2	F_1	F_2	F_1	F_2
1	1349	1267	1236	1337	1200	1106	1205	1103	1304	1007	1199	1101	1199	1101	20390	13152
2	2429	1893	1977	1742	2136	1399	2133	1412	2075	1572	2108	1398	2108	1398	22534	23956
3	3360	2716	3100	2468	3388	2949	3376	2929	3270	2724	3317	2864	3317	2864	17622	17805
4	4286	3860	4592	3514	3794	3984	3843	3957	4202	3763	3730	3877	3730	3877	19289	21671
5	5726	6775	5782	6769	5659	6807	5666	6800	5721	6788	5342	6386	5342	6386	15341	17382

在 ab 段和 bc 段，n 都是 41，所以 $F(1, n-2)$ 分布表就是 $F(1, 39)$，查表可知 $\lambda_{0.05} = 4.08$，$\lambda_{0.01} = 7.31$。

以上所有配准测度在 ab 段和 bc 段都符合

$$F > \lambda_{0.01}$$

说明所讨论的 8 个配准测度中每个配准测度与面积的线性关系都成立。$y = y_0 + kx$ 中的 k 为

$$k = \frac{s_{xy}}{s_{xx}}$$

对每个配准测度的 ab 段和 bc 段分别用 k_1 和 k_2 表示。k_1 为正表示该配准测度的值随面积的增加而增加，k_1 为负表示该配准测度的值随面积的增加而减小。平均 k 值只表示变化率的大小，定义如下：

$$k = 0.5(|k_1| + |k_2|)$$

各个配准测度的平均 k 值见表 3.4。k 值越小表示配准测度的鲁棒性越强。表 3.4 中，每一行代表一次配准实验，在同一次实验中 $I(A,B)$、$H(B\mid A)$、$H(A,B)$ 的值基本相等，I_3 的值最小，其次是 I_1、I_4 和 I_2，$E(A,B)$ 的值最大。同一列的数据是某个配准测度分别在 5 次配准实验中的取值。以第二列联合熵 $H(A,B)$ 为例，可以看到其值依次增加。前 4 次所用的正态分布的随机噪声图像均值都为 128，标准差分别为 20、30、40、50。标准差越大说明图像的灰度值分布越分散，联合概率分布 $p(a,b)$ 也越分散，$H(A,B)$ 的值就越大，其变化率 k 也越大。均匀分布的噪声图像的灰度值分布最分散，所以第 5 次实验所对应的 k 值就最大。表中前 7 个都是基于信息熵的配准测度，它们的变化规律都和联合熵 $H(A,B)$ 相同。$E(A,B)$ 的值也是依次增加的，这是因为图像灰度值分布越分散，其表达式中绝对值取较大值的概率就越大，在整个

重叠面积上累加的结果就越大。总之，在本实验中，每个配准测度的绝对大小意义不大，它与图像的初始大小有关。比如表 3.4 中的 5 次实验，如果取大小为 400×400 的两幅图像进行配准，所有的数值都会相应减小。但是在每一次实验中，各个配准测度之间的相对大小关系保持不变。

表 3.4　各个配准测度的平均 k 值

序号	$H(B\|A)$	$H(A,B)$	$I(A,B)$	$I_1(A,B)$	$I_2(A,B)$	$I_3(A,B)$	$I_4(A,B)$	$E(A,B)$
1	0.0017	0.0016	0.0017	0.0004	0.0033	0.0002	0.0004	8914
2	0.0032	0.0032	0.0032	0.0007	0.0064	0.0004	0.0007	13420
3	0.0046	0.0046	0.0046	0.0009	0.0092	0.0005	0.0010	18096
4	0.0057	0.0057	0.0058	0.0011	0.0115	0.0006	0.0013	22285
5	0.0077	0.0078	0.0077	0.0014	0.0155	0.0008	0.0017	34112

　　对相关系数 $CC(A,B)$、相关比 $CR(A,B)$、比值方差 $RE(A,B)$ 和划分灰度一致性 $PIU(A,B)$ 进行同样的统计分析，结果显示它们的 F 值都小于 $\lambda_{0.05}$，说明这些配准测度与面积不具有线性相关性。

　　图 3.6 是第 5 次配准实验中各个配准测度的变化曲线，从中可以看到各个配准测度的对比情况。

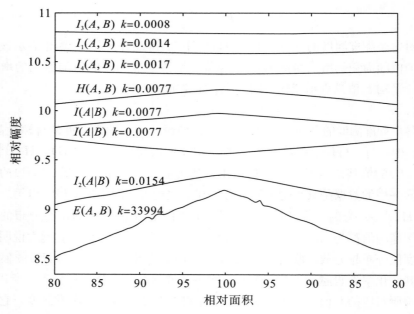

注：为了能在同一张图上显示 $E(A,B)$ 做了乘 10^{-6} 处理。

（a）互信息等配准测度的变化曲线

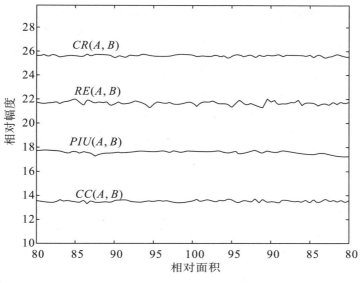

（b）相关系数等配准测度的变化曲线

图 3.6　第 5 次配准实验中各个配准测度的变化曲线

3.3.2　配准实验

在进行多模态图像配准的过程中，最大化互信息法以其精度高、不需要预处理且能自动配准的特点成为首选方法，但是在基于互信息一类的配准测度中存在对重叠面积变化敏感的问题。配准测度对重叠面积变化是否敏感，关系到能否选用较小的图像窗口来代替整幅图像完成配准任务。如果配准测度对重叠面积变化不敏感，那么选用较小的图像窗口就不会影响配准结果。图像的窗口越小，运算量就越小，所用的配准时间就越少。这里利用 PET 图像和 MRI 图像进行配准实验。图 3.7 是用于配准的两幅图像。

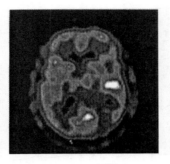 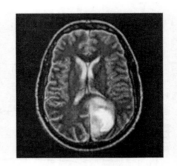

（a）PET 图像　　　　　　　　　（b）MRI 图像

图 3.7　用于配准的两幅图像

本实验中，分别按照 30％、45％、60％、75％、90％的面积比例从图像中选取不同大小的窗口，根据配准测度函数计算出配准位置，然后由计算位置与实际位置间的误差来表示配准测度的性能。对 11 个配准测度分别进行 5 次实验，取平均值作为配准结果。实验结果见表 3.5。

表 3.5　11 个配准测度在重叠面积不同时的配准误差（单位：像素）

比例（%）	$H(B\mid A)$	$H(A,B)$	$I(A,B)$	$I_1(A,B)$	$I_2(A,B)$	$I_3(A,B)$	$I_4(A,B)$	$CC(A,B)$	$PIU(A,B)$	$CR(A,B)$	$RE(A,B)$
30	5.83	5.15	5.64	4.36	5.87	3.85	4.63	3.76	2.96	2.83	3.43
45	4.62	4.67	5.06	3.85	4.92	3.16	4.01	3.88	2.65	2.75	3.22
60	3.93	3.87	4.12	2.58	4.38	2.48	2.85	3.68	2.83	2.81	3.51
75	2.85	2.82	2.75	0.96	3.45	0.74	0.96	2.86	2.36	2.46	2.78
90	0.86	0.81	0.84	0.54	0.88	0.51	0.62	1.12	0.98	0.96	1.08

由表 3.5 可以看出，归一化互信息 I_3、I_1 和 I_4 在窗口面积占整幅图像面积的 75％时就可以得到亚像素的结果。在窗口比例为 90％时，除相关系数和相关比外，其余配准测度的配准误差都在 1 个像素之内。和基于互信息一类的配准测度相比，相关系数、划分灰度一致性、相关比和比值方差的配准精度较差，但它们有对重叠面积变化不敏感的特点，这和前文分析的结果一致。从图 3.8 的折线图中可以更加直观地看到图像窗口大小对这些配准测度性能的影响。

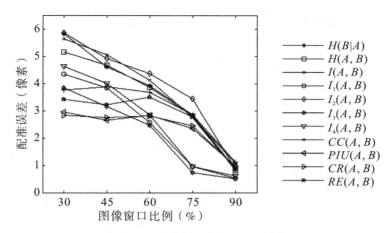

图 3.8　各个配准测度在图像窗口不同时的配准误差

在图像配准的过程中，配准测度的选择是一个综合考虑的过程，不存在对所有配准情况都适用的配准测度。相关系数适合于配准同模态或者灰度特性相近的模态的图像，互信息、划分灰度一致性等适合于配准不同模态图像，其中互信息的配准精度最高。在所有互信息一类的配准测度中，其归一化形式 I_3 对重叠面积的变化最不敏感，所以用它来配准多模态图像时既可以用较小的图像窗口进行配准，从而有效减少运算量、提高配准速度，同时又能保证较高的配准精度。本节实验分析了重叠面积和各个配准测度的关系，并对互信息等的变化特性进行了比较、排序，这将有利于在配准过程中对配准测度的比较和选择，也将有助于对配准测度的进一步分析以改进其性能。

3.4　互信息配准的一种改进算法

图像配准是对反映同一对象的两幅图像进行空间位置对齐，这两幅图像通常是在不同的成像方式下或用不同的成像设备获取的[29]。该技术是图像融合、三维重建等技术的基础，广泛应用于医学、遥感等领域。在图像配准的过程中经常会用到最大化互信息法，这种方法是由 F. Maes 和人工智能实验室的 P. Viola 分别独立地提出来的。最大化互信息法采用信息论中熵的概念来衡量两幅图像之间的统计相关程度，当两幅图像中表达同一内容的像素点在几何上一一对应时，互信息取得最大值。它直接利用图像的灰度数据进行配准，具有精度高、不需预处理且能自动配准等优点。但是，在利用互信息法进行图像配准的过程中也存在一些问题，比如参考图像和待配准图像在进行相对位移的过程中，互信息的值会随着两幅图像重叠面积的变化而发生变化。这时互信息值的大小就不能完全反映两幅图像间的配准程度。在3.3节已对这一点进行了讨论。尽管有人在互信息的基础上提出了各种归一化的方法，目的在于加强互信息对重叠面积变化的鲁棒性，但是也无法从根本上解决这个问题。本节在3.3节讨论的基础上提出了一种改进的互信息计算方法，就是在计算互信息时，使参考图像和待配准图像在进行相对位移的过程中保持重叠面积不变，这样就可以抑制重叠面积变化对互信息计算产生的影响。

3.4.1　方法

在图像配准的过程中，两幅图像之间相对位置的变化包括平移和旋转两种。本书提出的改进算法只针对由于平移产生重叠面积变化的"补偿"。当两幅图像配准时，参考图像保持不变，待配准图像进行连续平移。每一步平移后计算互信息的值。其过程如图3.9所示。

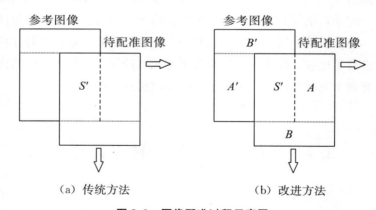

（a）传统方法　　　　　　（b）改进方法

图 3.9　图像配准过程示意图

传统的做法如图3.9（a）所示。在待配准图像的平移过程中，重叠面积 S' 会越来越小。受此影响，$H(A,B)$ 越来越小，$I(A,B)$ 越来越大。如果重叠面积最大的时候正好是两幅图像的配准位置，那么互信息 $I(A,B)$ 和重叠面积 S' 这种互为逆向的变化关系将会使本应该出现在配准位置上的全局最大值减小，因此影响图像配准的精度。为了提高互信息配准的鲁棒性，本节提出了不同形式的归一化互信息。尽管和互信息比较起来，归一化互信息的鲁棒性有了很大提高，但是还不能完全抑制重叠面积的变化对互信息计算的影响。在以下的配准实验中，将用最具代表性的归一化互信息 $I_3(A,B)$、$I_1(A,B)$ 和本节提出的改进算法做对比。

本节采用一种新的方法来解决这个问题，具体过程如图 3.9（b）所示。在待配准图像平移的过程中用移出的部分 A 返回来和参考图像中的 A' 重叠，B 和 B' 重叠，这样在只有平移的情况下整个配准过程中重叠面积保持不变，这种情况称为全补偿。这时在互信息的计算中，$H(A)$、$H(B)$ 保持不变，由于两幅图像间的相对运动，像素之间的对应关系发生变化，$p(a,b)$ 发生改变，所以联合熵 $H(A,B)$ 在变化。从互信息的表达式可以看出：$H(A)+H(B)$ 保持恒定，只有 $H(A,B)$ 的作用，这时的效果相当于把面积补偿的方法应用于以联合熵为配准测度的配准过程。联合熵也存在对重叠面积变化不稳定的问题，面积补偿的方法可以消除这种不稳定，使配准结果更加准确。在两幅图像只有旋转的情况下，本节的方法没有作用，这时称为 0 补偿。当两幅图像既有平移又有旋转时，面积补偿的效果介于上述两者之间，可以在一定程度上减小重叠面积变化对配准测度值计算的影响，从而使配准测度值最大限度地反映图像之间的对齐程度，从而提高配准精度。

3.4.2　配准实验

为了验证改进方法的有效性，本节分别用图 3.9（a）所示的传统方法和图 3.9（b）所示的改进方法进行配准实验，以此来比较两种方法的配准精度。实验中，配准用的测试图按如下方法产生：首先选择两幅已经配准好的图像——T_2 加权图像和 T_1 加权图像。两幅图像分别如图 3.10（a）和图 3.10（b）所示。然后对 T_1 加权图像做 6 次不同程度的平移和旋转，分别形成图 3.10（c）～图 3.10（h）。它们的对应关系见表 3.6。依次把这 6 幅图像作为待配准图像，把图 3.10（a）所示的 T_2 加权图像作为参考图像进行组合。共有 6 组，分别是（a）-（c）、（a）-（d）、（a）-（e）、（a）-（f）、（a）-（g）和（a）-（h）。每组图像的配准分别用传统方法和改进方法来进行。每种方法分别使用上述 $I(A,B)$、$I_1(A,B)$ 和 $I_2(A,B)$ 三种配准测度来配准。这样一轮配准实验共进行 $6×2×3$ 即 36 次配准。为了能更准确地反映配准效果，共进行两轮实验，然后取平均值作为结果进行分析。

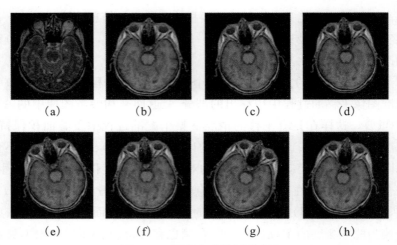

图 3.10　配准实验所用测试图

表 3.6　测试图（图 3.10）和平移、旋转量的对应关系

	(a)	(b)	(c)	(d)	(e)	(f)	(g)	(h)
x 轴平移 t_x	0	0	5	5	15	−5	5	−10
y 轴平移 t_y	0	0	5	15	10	15	−5	−5
旋转角度 a	0	0	10	5	15	5	−20	−10
T_2 或 T_1 加权图像	T_2	T_1	T_1	T_1	T_1	T_1	T_1	T_1

注：平移单位为像素，旋转角度单位为度。

对应于上述 6 种组合，表 3.6 中分别列出了 x 轴上的配准误差 Δt_x、y 轴上的配准误差 Δt_y 和旋转角度配准误差 Δa 的传统方法和改进方法的对比值。按本节中所用的 3 种配准测度把表 3.7 中的数据进行分类统计，结果列于表 3.8。下面分别讨论平移误差 Δt_x，Δt_y 和旋转角度误差 Δa。

表 3.7　不同配准情况下的平均误差

配准方法	Δt_x （传统方法/改进方法）	Δt_y （传统方法/改进方法）	Δa （传统方法/改进方法）
(a)—(c) 配准结果，(c)：$t_x = 5$，$t_y = 5$，$a = 10$			
用 $I(A,B)$ 配准	0.86/0.22	0.82/0.24	0.92/0.96
用 $I_3(A,B)$ 配准	0.46/0.24	0.44/0.23	0.86/0.80
用 $I_1(A,B)$ 配准	0.53/0.23	0.55/0.23	0.88/0.93
(a)—(d) 配准结果，(d)：$t_x = 5$，$t_y = 15$，$a = 5$			

配准方法	Δt_x （传统方法/改进方法）	Δt_y （传统方法/改进方法）	Δa （传统方法/改进方法）
用 $I(A,B)$配准	0.87/0.22	0.83/0.26	0.93/0.97
用 $I_3(A,B)$配准	0.43/0.25	0.41/0.22	0.86/0.81
用 $I_1(A,B)$配准	0.56/0.23	0.51/0.24	0.89/0.87
(a)—(e) 配准结果，(e)：$t_x=15$，$t_y=10$，$a=15$			
用 $I(A,B)$配准	0.85/0.19	0.83/0.24	0.92/0.97
用 $I_3(A,B)$配准	0.47/0.23	0.42/0.21	0.84/0.82
用 $I_1(A,B)$配准	0.54/0.24	0.51/0.22	0.88/0.86
(a) — (f) 配准结果，(f)：$t_x=-5$，$t_y=15$，$a=5$			
用 $I(A,B)$配准	0.86/0.24	0.84/0.23	0.92/0.90
用 $I_3(A,B)$配准	0.45/0.22	0.43/0.23	0.85/0.87
用 $I_1(A,B)$配准	0.49/0.23	0.51/0.25	0.91/0.86
(a) — (g) 配准结果，(g)：$t_x=5$，$t_y=-5$，$a=-20$			
用 $I(A,B)$配准	0.85/0.22	0.87/0.27	0.90/0.92
用 $I_3(A,B)$配准	0.38/0.25	0.44/0.22	0.86/0.85
用 $I_1(A,B)$配准	0.56/0.21	0.49/0.21	0.88/0.91
(a)—(h) 配准结果，(h)：$t_x=-10$，$t_y=-5$，$a=-10$			
用 $I(A,B)$配准	0.88/0.24	0.87/0.23	0.92/0.91
用 $I_3(A,B)$配准	0.43/0.22	0.43/0.20	0.85/0.86
用 $I_1(A,B)$配准	0.48/0.24	0.53/0.23	0.88/0.85

注：平移单位为像素，旋转角度单位为度。

表 3.8　传统方法和改进方法的配准误差对比

配准测度	传统方法			改进方法		
	Δt_x	Δt_y	Δa	Δt_x	Δt_y	Δa
$I(A,B)$（均值/最大值）	0.86/0.88	0.84/0.87	0.92/0.93	0.22/0.24	0.25/0.27	0.93/0.97
$I_3(A,B)$（均值/最大值）	0.44/0.47	0.43/0.44	0.86/0.86	0.24/0.25	0.22/0.23	0.84/0.87
$I_1(A,B)$（均值/最大值）	0.53/0.56	0.52/0.55	0.89/0.91	0.23/0.24	0.23/0.25	0.88/0.93
平均（均值/最大值）	0.61/0.88	0.59/0.87	0.89/0.93	0.23/0.25	0.23/0.27	0.88/0.97

（1）平移误差 Δt_x，Δt_y。

从表 3.8 中的数据可以看出，用传统方法进行图像配准，所用的配准测度不同，配准误差也不同。

传统方法配准时：用 $I_3(A,B)$ 进行配准，其 Δt_x，Δt_y 的均值分别为 0.44，0.43，最大误差分别为 0.47，0.44。用 $I_1(A,B)$ 进行配准，其 Δt_x，Δt_y 的均值分别为 0.53，0.52，最大误差分别为 0.56，0.55。用 $I(A,B)$ 进行配准，其 Δt_x，Δt_y 的均值分别为 0.86，0.84，最大误差分别为 0.88，0.87。

改进方法配准时：用 $I_3(A,B)$ 进行配准，其 Δt_x，Δt_y 的均值分别为 0.24，0.22，最大误差分别为 0.25，0.23。用 $I_1(A,B)$ 进行配准，其 Δt_x，Δt_y 的均值分别为 0.23，0.23，最大误差分别为 0.24，0.25。用 $I(A,B)$ 进行配准，其 Δt_x，Δt_y 的均值分别为 0.22，0.25，最大误差分别为 0.24，0.27。

（2）旋转角度误差 Δa。

传统方法配准时：用 $I_3(A,B)$ 进行配准，Δa 的均值为 0.86，最大误差为 0.86。用 $I_1(A,B)$ 进行配准，Δa 的均值为 0.89，最大误差为 0.91。用 $I(A,B)$ 进行配准，Δa 的均值为 0.92，最大误差为 0.93。

改进方法配准时：用 $I_3(A,B)$ 进行配准，Δa 的均值为 0.84，最大误差为 0.87。用 $I_1(A,B)$ 进行配准，Δa 的均值为 0.88，最大误差为 0.93。用 $I(A,B)$ 进行配准，Δa 的均值为 0.93，最大误差为 0.97。

表 3.8 的最后一行列出了对三种配准测度的配准误差进行平均的结果，对照表 3.8 中传统方法的数据可以看出：用传统方法进行配准时，无论是平移配准误差还是旋转角度配准误差，三种配准测度中 $I_3(A,B)$ 的精度最高，对重叠面积变化的鲁棒性最强，$I_1(A,B)$ 次之，$I(A,B)$ 最差。用改进方法进行配准时，分两种情况：对于平移配准误差来说，对照表 3.8 中改进方法的数据可以看出，三种配准测度之间没有显著性差异，误差均值都在 0.23 左右，都可以得到比较好的配准结果。再把改进方法的数据分别和传统方法的数据进行比较，可知改进方法比传统方法配准精度高。对于旋转角度配准误差来说，比较表 3.8 中改进方法和传统方法的数据可以看出，改进方法和传统方法相比没有显著差别。这说明本节提出的改进方法在平移配准误差方面具有较好的配准精度，与传统方法相比具有一定优势。对于旋转角度来说，两种方法相比没有明显差别。观察图 3.9 可以看出，本节提出的方法只是对平移情况进行了改进，没有涉及旋转情况。这是因为在两幅图像进行相对旋转时，重叠面积的变化情况比较复杂，不像平移情况下容易进行"补偿"。

为了定量说明与传统的方法相比本节方法的改进程度，在本节中定义一个

"改进率"指标 $R(A,B)$。如果一个实验用方法 A 和方法 B 来进行，两种方法的误差分别用 $D(A)$ 和 $D(B)$ 表示，那么方法 B 对于方法 A 的改进率定义如下：

$$R(A,B) = \frac{D(A)}{D(B)} \tag{3.3}$$

对表 3.8 中的数据进行计算可得：

在 Δt_x 方面的改进率为：$0.61/0.23 = 2.65$；

在 Δt_y 方面的改进率为：$0.59/0.23 = 2.57$；

在 Δa 方面的改进率为：$0.89/0.88 = 1.01$。

本节针对由重叠面积的变化导致的传统配准方法稳定性差的问题提出了一种改进的配准方法。此方法通过面积补偿的做法来保证重叠面积基本不变，从而保证配准效果。通过对比配准实验，证实了改进方法对于配准过程中由于参考图像和待配准图像进行平移造成的重叠面积变化具有鲁棒性，可以得到较好的配准精度。这说明改进方法与传统方法相比具有一定的优势。

3.5　互信息配准中插值方法的影响分析和改进

最大化互信息配准法被提出来以后，首先在医学图像的配准中取得了成功[30−31]，并成为多模态医学图像配准方法研究的热点。近几年的研究表明，它已成为最成功的配准方法之一，得到了大量的关注。在利用互信息进行图像配准的过程中往往需要对图像进行插值运算。最常用的插值运算有线性插值法和部分体积插值法。这两种插值方法都会造成互信息的局部极值，从而影响配准过程。本节将对这两种方法产生局部极值的模式和机理进行分析，并用加权平均的方法进行改进。这样可以有效减少局部极值的产生，有利于优化搜索过程。

无论是线性插值还是部分体积插值，都会在网格点产生局部极值。由于插值方法的不同，它们的局部极值产生的模式和机理也不同。下面分别对其进行介绍，并提出改进方法。

3.5.1　线性插值法的局部极值

线性插值法在非网格点上，像素的值等于其周围 4 个网格点上像素值的加权平均，产生一个新的灰度值。线性插值相当于是降噪运算，对一个图像进行线性插值，图像中的噪声就会减少，因为图像中的噪声会使联合分布扩散，所以由线性插值引起的噪声的减少就会减小这种扩散的趋势，从而使联合分布趋于集中、联合熵减小。分析互信息定义式中的各项，图像熵 $H(A)$、$H(B)$ 在图像配准过程中和联合熵比较起来变化很小，在本节的讨论中可以将它近似为常量。那么在非网格点进行线性插值使联合熵减小的结果是使互信息增大，所以在网格点上会产生局部极小值点。

为了用实际的图像说明上述线性插值在网格点产生局部极小值的情况，用 MRI T_1 加权图像和 MRI T_2 加权图像进行配准实验。图像大小为 400×400，每个像素用 8 位二进制表示。共分三组进行，第一组不加噪声，第二组加均值为 128、标准差为 25 的高斯噪声，第三组加均值为 128、标准差为 50 的高斯噪声。对这三组图像分别进行配准，步长为 0.1，在非网格点用线性插值法进行插值，其配准曲线如图 3.11 所示。

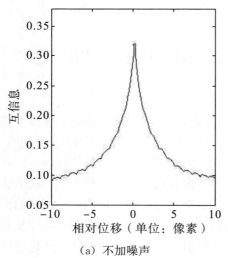

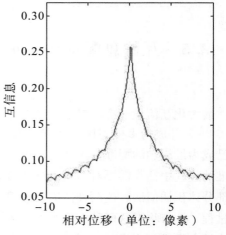

（a）不加噪声　　　　（b）加均值为 128、标准差为 25 的高斯噪声

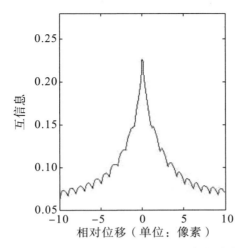

（c）加均值为 128、标准差为 50 的高斯噪声

图 3.11　图像加不同噪声情况下的线性插值效果比较

由图 3.11 可以看出，标准差越大，在非网格点由于线性插值造成的曲线"上凸"现象就越明显。这是因为标准差越大的噪声对联合分布造成的扩散越严重，线性插值的降噪功能使得这种扩散趋势减小的效果就越明显。图 3.13（a）没有加噪声，此时线性插值同样会使联合分布趋于集中，联合熵减小，互信息增加，从而使曲线在非网格插值点上产生向上的凸起。

3.5.2　部分体积插值法的局部极值

部分体积插值法并不是普通意义上的插值方法，它不产生新的灰度值，只是用一个渐变的办法来改变联合熵的值，这样可以使互信息在配准过程中变化平缓，局部极值个数减少，从而提高优化的速度和图像配准的精度。

为了说明部分体积插值法局部极值产生的机理，此处用相对简单的两个一维信号来说明。设浮动信号 $F = \{u, v, x, x, x, x, y, z\}$，参考信号 $R = \{a, b, c, c, c, c, d, e, f\}$。只研究一个像素之内的移动情况，此处浮动信号在长度上比参考信号少一位是为了保证在图像移动过程中重叠部分的长度保持不变。两个一维信号配准情况示意图如图 3.12 所示。

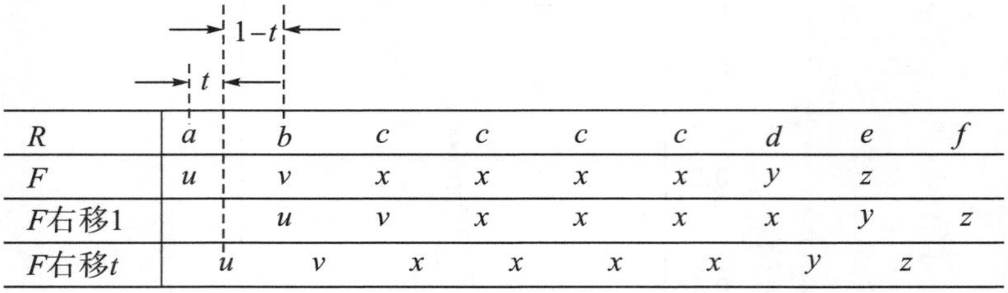

R	a	b	c	c	c	c	d	e	f
F	u	v	x	x	x	x	y	z
F右移1		u	v	x	x	x	x	y	z
F右移t	u	v	x	x	x	x	y	z

图 3.12　两个一维信号配准情况示意图

t 在 $0\sim1$ 之间变化时，联合分布的密度只是缓慢地改变，联合熵的变化是一个渐变的过程。和网格点上的联合分布进行比较，插值点上出现了新的联合分布：(u,b)，(v,c)，(x,d)，(y,e)，(z,f)，其大小都为 $t/8$。在 t 比较小时，这是个小概率分布，对联合熵的值影响较小；当 t 逐渐变大时，这些新产生的分布对联合熵的影响逐渐增大。在 t 的变化过程中，原来在网格点上的分布 (u,a)，(v,b)，(y,d)，(z,e) 变为 $\frac{1-t}{8}$，(x,c) 变为 $\frac{4-t}{8}$。随着 t 的增大，这些值在减小，其对联合熵的影响也逐渐减小。从熵的定义可以看出，在概率分布趋于均匀时熵值最大，所以 t 的变化对联合熵的影响为靠近中间部分最大、两头接近 0 和 1 的地方最小。总体上看，在插值点上联合分布趋于扩散，在远离网格点的地方这种扩散最强，联合熵的变化也最大。在接近网格点的地方，联合分布扩散减小，联合熵变化也最小。从图 3.13 可以清楚地看到这一点。当 $t=0$ 时，联合分布有 5 个点，其概率分别是 $\frac{1}{8}$、$\frac{1}{8}$、$\frac{4}{8}$、$\frac{1}{8}$、$\frac{1}{8}$，此时联合熵 $H(A,B)$ 为 1.3863。当 $t=1$ 时，联合分布有 6 个点，其概率分别是 $1/8$、$1/8$、$3/8$、$1/8$、$1/8$、$1/8$，此时联合熵 $H(A,B)$ 为 1.6675。当 $0<t<1$ 时，联合分布有 10 个点，其概率都是 t 的函数。此时联合熵为

$$H(A,B) = -\frac{5t}{8}\log\frac{t}{8} - \frac{4(1-t)}{8}\log\frac{(1-t)}{8} - \frac{4-t}{8}\log\frac{(4-t)}{8} \quad (3.4)$$

在所有的变化过程中，图像熵 $H(A)$、$H(B)$ 的值相等并保持不变，为 1.3863。两个一维信号 F 和 R 的联合熵、互信息在一个像素范围内变化的曲线分别如图 3.14（a）和图 3.14（b）所示。

$t=0$

f	0	0	0	0	0
e	0	0	0	0	$\frac{1}{8}$
d	0	0	0	$\frac{1}{8}$	0
c	0	0	$\frac{4}{8}$	0	0
b	0	$\frac{1}{8}$	0	0	0
a	$\frac{1}{8}$	0	0	0	0
R/F	u	v	x	y	z

(a)

$0<t<1$

f	0	0	0	0	$\frac{t}{8}$
e	0	0	0	$\frac{t}{8}$	$\frac{1-t}{8}$
d	0	0	$\frac{t}{8}$	$\frac{1-t}{8}$	0
c	0	$\frac{t}{8}$	$\frac{4-t}{8}$	0	0
b	$\frac{t}{8}$	$\frac{1-t}{8}$	0	0	0
a	$\frac{1-t}{8}$	0	0	0	0
R/F	u	v	x	y	z

(b)

$t=1$

f	0	0	0	0	$\frac{1}{8}$
e	0	0	0	$\frac{1}{8}$	0
d	0	0	$\frac{1}{8}$	0	0
c	0	$\frac{1}{8}$	$\frac{3}{8}$	0	0
b	$\frac{1}{8}$	0	0	0	0
a	0	0	0	0	0
R/F	u	v	x	y	z

(c)

图 3.13 两个信号移动过程中联合分布的变化情况

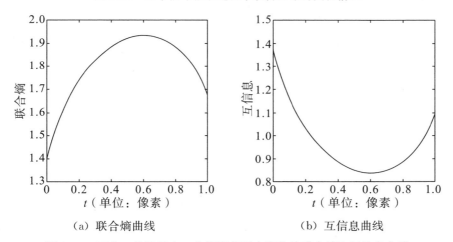

（a）联合熵曲线　　　　　　　（b）互信息曲线

图 3.14 两个一维信号在一个像素范围内变化的联合熵和互信息曲线

对于部分体积插值法产生局部极值的情况也可用另一种方法来说明。设 $his(A,B)$ 表示对应点中参考图像的灰度值为 a、浮动图像的灰度值为 b 的像素的个数。假定两幅图像在配准位置时的平移量为 0，设 $his(A,B)$ 的值为 M_1，平移一个像素后 $his(A,B)$ 变为 M_2，如果把平移量也考虑进去，那么可以把 $his(A,B)$ 重新定义为 $his(a,b,t)$，有

$$his(a,b,0) = M_1, \ his(a,b,1) = M_2 \tag{3.5}$$

由部分体积插值法可知，当 $0<t<1$ 时，有

$$his(a,b,t) = M_1(1-t) + M_2 t = M_1 + (M_2 - M_1)t \tag{3.6}$$

设总的像素个数为 M，那么联合分布为

$$p(a,b,t) = \frac{his(a,b,t)}{M} = \frac{M_1}{M} + t\frac{M_2 - M_1}{M}$$

$$= m_1 + t(m_2 - m_1) = tm_2 + (1-t)m_1 \tag{3.7}$$

式中，$m_1 = \dfrac{M_1}{M}$，表示 $t=0$ 时 $his(a,b,t)$ 对应的联合分布；$m_2 = \dfrac{M_2}{M}$，表示 $t=1$ 时 $his(a,b,t)$ 对应的联合分布。联合熵为

$$H(A,B) = -\sum_a \sum_b p(a,b,t)\log p(a,b,t) \tag{3.8}$$

设 $p(a,b,t)=x$，有

$$H(A,B) = -\sum_a \sum_b x\log x \tag{3.9}$$

互信息为

$$I(A,B) = H(A) + H(B) - H(A,B)$$
$$= H(A) + H(B) + \sum_a \sum_b x\log x \tag{3.10}$$

可以近似认为 $H(A)+H(B)$ 是一个常数，在 $0<t<1$ 时，$x\log x$ 是一个凸函数，设为 $f(x)$，如图 3.15（c）所示。由凸函数的性质和式（3.7）可知

$$f(x) = x\log x = f(tm_2 + (1-t)m_1) \leqslant tf(m_2) + (1-t)f(m_1) \tag{3.11}$$

那么对所有的 a、b 求和也是个凸函数，即有

$$\sum_a \sum_b x\log x = \sum_a \sum_b f(tm_2 + (1-t)m_1)$$
$$\leqslant t\sum_a \sum_b f(m_2) + (1-t)\sum_a \sum_b f(m_1) = tP_1 + (1-t)P_2 \tag{3.12}$$

式中，$P_1 = \sum_a \sum_b f(m_2)$，$P_2 = \sum_a \sum_b f(m_1)$。

综上所述，用部分体积插值法所得到的配准函数在一个像素的平移范围之内，即在 $0\leqslant t\leqslant 1$ 的情况下是一个凸函数。利用 MRI T_1 加权图像作为参考图像，MRI T_2 加权图像作为浮动图像进行配准实验，它们分别如图 3.15（a）和图 3.15（b）所示。图 3.15（d）是图 3.15（a）和图 3.15（b）两幅图像配准时左、右各移动 10 个像素，用部分体积插值法得到的配准函数曲线。可以看出，在每两个相邻的网格点之间配准函数是个凸函数，和前文分析相一致。目标函数这种波浪形局部极值的形成，主要可以归结为部分体积插值过程中造成的联合直方图分布的扩散，可以称为插值假像。

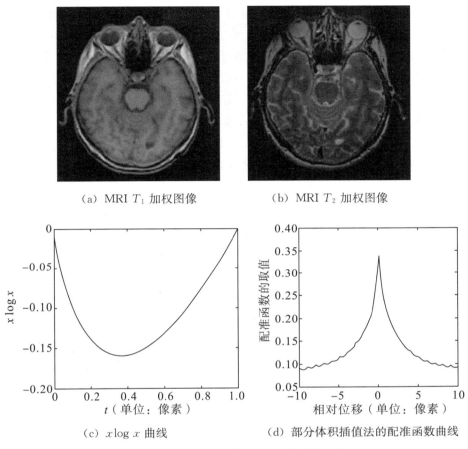

（a）MRI T_1 加权图像　　　　　（b）MRI T_2 加权图像

（c）$x \log x$ 曲线　　　　（d）部分体积插值法的配准函数曲线

图 3.15　部分体积插值法的配准函数曲线

3.5.3　改进方法一

根据前面的分析，在最大化互信息图像配准中，线性插值法和部分体积插值法都会产生局部极值。如果不采用合适的优化方法避开局部极值的干扰或者消除配准函数本身这种不够平滑的性状，将会得到错误的配准结果。采用模拟退火算法和遗传算法可以在一定程度上解决这个问题，但是这些优化方法也有许多缺点：算法本身比较复杂；不易确定算法的各种参数；收敛速度慢，要求迭代次数较多以及无法保证一定会收敛到全局最优解等。本节介绍的改进方法是用加权平均法消除配准函数曲线的局部极值，改善其光滑程度，从而保证用简单的优化方法得到准确的配准结果。

图 3.11（a）和图 3.15（d）是对同一图像分别用线性插值法和部分体积插值法的情况。可以看出，在非网格点，线性插值是"上凸"的，部分体积插值是"下凹"的。这种方向相反的变形具有互补性，但是它们的变形程度不同。为了使配准函数曲线更加光滑，可以把二者进行加权平均，通过改变加权系数来得到最好的光滑度。用 I_l 和 I_p 分别表示线性插值和部分体积插值的互信息，那么加权平均的互信息可以定义如下：

$$I = k \cdot I_l + (1-k) \cdot I_p \tag{3.13}$$

式中，k 取 0.1~0.9 共 9 个值，每次计算互信息 I 的值时，用配准函数曲线的极值点个数来衡量其光滑程度，k 值与极值点个数的关系见表 3.9。

表 3.9　不同 k 值情况下加权平均法的极大值、极小值个数

	0.1	0.2	0.3	0.4	0.5	0.6	0.7	0.8	0.9
极大值个数	14	13	11	12	11	9	16	23	22
极小值个数	14	13	11	12	11	8	15	22	21

由表 3.9 可以看出，当 $k = 0.6$ 时，加权平均法的极大值、极小值个数最少，分别为 9 和 8。配准实验中所用的图像分别如图 3.15（a）、图 3.15（b）所示。图 3.16（a）、图 3.16（b）、图 3.16（c）分别是线性插值法、部分体积插值法和加权平均法的配准曲线。加权平均法在一定程度上增加了配准函数的运算量。通过分析可以发现，涉及大量运算的图像几何变换对线性插值法和部分体积插值法这两种插值方法来说是相同的。增加的运算量主要在互信息的计算上，所以加权平均法并不会成倍地增加运算时间。

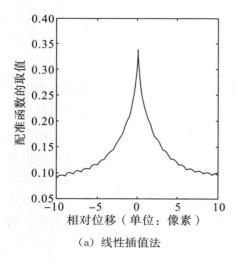

（a）线性插值法

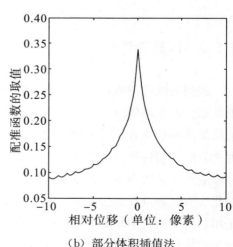

（b）部分体积插值法

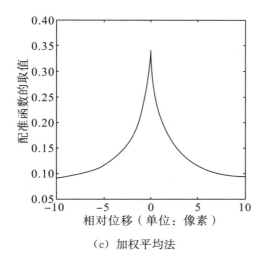

（c）加权平均法

图 3.16　不同插值法的配准函数曲线

3.5.4　改进方法二

根据前文分析，在最大化互信息图像配准中，部分体积插值会产生局部极值。改进方法一是利用线性插值法和部分体积插值法在非网格点的反向变化特性，用加权平均的办法来使得配准函数曲线更加平滑。已有文献中提出的改进方法是直接在部分体积插值的基础上进行改进补偿，不再利用线性插值的信息。这样做是基于以下假设：训练数据可以提供一个和测试数据相似的联合熵先验信息。改进的互信息定义如下：

$$\bar{I} = H(A) + H(B) - \bar{H}(A,B) \tag{3.14}$$

式中，$\bar{H}(A,B)$ 是在原来的联合熵 $H(A,B)$ 中减去弯曲部分后剩下的部分。弯曲部分由训练数据得出：

$$\widetilde{H}(A,B) = H^*(A,B) - Bilinear(H^*(A,T_{00}(B)), H^*(A,T_{01}(B)),$$
$$H^*(A,T_{10}(B)), H^*(A,T_{11}(B))) \tag{3.15}$$

$$T_{00} = \{\alpha, floor(\triangle x), floor(\triangle y)\},\ T_{01} = \{\alpha, floor(\triangle x), ceil(\triangle y)\},$$
$$T_{10} = \{\alpha, ceil(\triangle x), floor(\triangle y)\},\ T_{11} = \{\alpha, ceil(\triangle x), ceil(\triangle y)\}$$

$$\tag{3.16}$$

$$\bar{H}(A,B) = H(A,B) - \widetilde{H}(A,B) \tag{3.17}$$

式中，$floor$、$ceil$ 分别表示向下取整和向上取整，$Bilinear$ 表示线性插值运算。

把图 3.15（a）MRI T_1 加权图像作为参考图像、图 3.15（b）MRI T_2 加权图像作为浮动图像做左、右各 20 个像素的平移，进行配准。部分体积插值法得到的互信息曲线如图 3.17（a）所示，图 3.17（b）是由训练数据得到的互信息曲线弯曲部分；图 3.17（c）是图 3.17（a）减去弯曲部分后得到的互信息曲线，其与图 3.17（a）相比，局部极值点个数减少，曲线的光滑程度度有明显的改善。

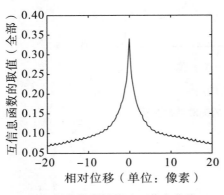

（a）部分体积插值法互信息曲线

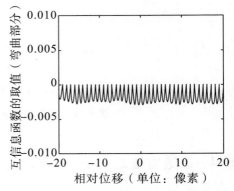

（b）部分体积插值法互信息曲线弯曲部分

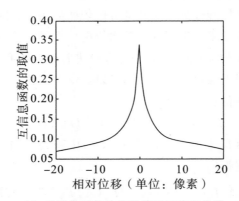

（c）改进的部分体积插值法互信息曲线

图 3.17　改进的部分体积插值法互信息曲线对比

3.5.5　改进方法的实验结果

为了检验上述方法的有效性，用图 3.18（a）MRI T_1 加权图像作为参考图像，把图 3.18（b）PET 图像做 6 次不同程度的旋转和平移形成 6 幅浮动图像，这样把参考图像分别和 6 幅浮动图像组合，再进行配准。为了比较不同插值方法的性能，在配准过程中分别采用线性插值法、部分体积插值法、加权平均法和改进的部分体积插值法进行插值。按不同插值方法对 6 次配准结果进行平均，配准结果误差见表 3.10。实验平台为：pentium（R）4，CPU 2.80 GHz，RAM 512 M。

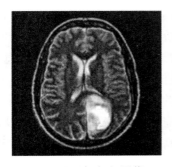
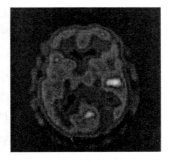

（a）MRI T_1 加权图像　　　　　　（b）PET 图像

图 3.18　配准实验用图

表 3.10　配准结果误差

插值方法	$|\Delta t_x|$	$|\Delta t_y|$	$|\Delta a|$	时间（s）
线性插值法	0.93	0.91	0.96	4.58
部分体积插值法	0.81	0.84	0.91	4.61
加权平均法	0.52	0.51	0.85	5.21
改进的部分体积插值法	0.46	0.45	0.72	4.93

注：$|\Delta t_x|$、$|\Delta t_y|$ 的单位都为像素，$|\Delta a|$ 的单位为度。

由表 3.10 可以看出，从配准精度来说，改进的部分体积插值法最好，其次是加权平均法和部分体积插值法，线性插值法最差。从耗时来看，线性插值法和部分体积插值法相近，改进的部分体积插值法和加权平均法稍有增加。在配准速度可以满足实际需要的情况下，选择使用改进的部分体积插值法可以有效提高图像配准精度。

3.6　本章小结

本章首先对几种配准测度的性能进行了分析和比较。基于信息熵的配准方法是多模态图像配准中最常用的方法之一，和其他基于灰度信息的配准方法一样具有图像信息利用充分、无需预处理等特点。此类方法有较高的配准精度，但基于信息熵的配准方法也存在对图像空间信息利用不足的问题。本章用人工合成的图像进行了配准实验，从实验中可以明显看出信息熵配准法的这一不足。这类基于信息熵的配准测度对重叠面积变化过于敏感。尽管有研究者提出了几种归一化配准测度，目的是提高它们对于重叠面积变化的鲁棒性，但也无法从根本上解决这个问题。本章用数理统计的方法研究了不同配准测度和重叠面积变化的关系，表明基于信息熵的配准测度和重叠面积存在信息相关关系，并依据它们和重叠面积变化的系数大小进行了排序，这样的结论将有助于在进行多模态图像配准的过程中对配准测度的选择。随后提出了一种利用面积补偿原理的互信息配准法的改进算法。互信息配准中不可避免地要涉及插值问题，对于插值方法的选择关系到最后配准的精度，基于这一点考虑，本章在最后讨论了互信息配准中插值方法的影响及改进等内容。

第 4 章　基于点特征的非刚体图像配准

在多模态图像配准中，刚体图像配准只是其中的一种情况，非刚体图像配准才是图像配准中的难点所在。因为非刚体变换比刚体变换更加难以处理，搜索空间更大，搜索策略的设计也更加复杂。在现实世界里，非刚体图像配准的场合随处可见，比如医学图像的配准大部分都属于非刚体图像配准。由于人体器官组织普遍存在的非刚体特征，在医学影像的配准技术研究中，非刚体图像配准技术比刚体图像配准技术更为广泛，并提出许多配准算法。其中，基于点特征的非刚体图像配准受到了很多关注，因为点特征是所有图像特征中最简单的，并且是研究其他图像特征的基础。本章就基于点特征的非刚体图像配准的方法进行讨论和研究。

4.1　优化算法

模拟退火算法作为一个有效的启发式算法，被提出来用以解决各种优化问题中的局部最小值问题，已经证明在解决诸如旅行商（旅行商问题和点匹配问题非常相似）这一类难以解决的组合优化问题时特别有效。

模拟退火算法在运行中，搜索过程引入了随机因素。模拟退火算法以一定的概率来接受一个比当前解要差的解，因此有可能会跳出这个局部的最优解，达到全局的最优解。

$$p = \begin{cases} 1 & E(x_{\text{new}}) < E(x_{\text{old}}) \\ \exp\left(-\dfrac{E(x_{\text{new}}) - E(x_{\text{old}})}{T}\right) & E(x_{\text{new}}) \geqslant E(x_{\text{old}}) \end{cases} \quad (4.1)$$

式（4.1）表示：温度越高，概率越大；温度越低，概率越小。将一次向较差解的移动看作一次温度跳变过程，以一定的概率来接受这样的移动。也就是说，在用模拟退火算法解组合优化问题时，将内能 E 模拟为目标函数值 f，

将温度 T 演化成控制参数 t，即得到解组合优化问题的模拟退火算法：由初始解 i 和控制参数初值 t_0 开始，对当前解重复"产生新解→计算目标函数差→接受或丢弃"的迭代，并逐步衰减 t 值，算法终止时的当前解即为所得近似最优解，这是基于蒙特卡罗迭代求解法的一种启发式随机搜索过程。退火过程由冷却进度表（cooling schedule）控制，包括控制参数初值 t_0 及其衰减因子 Δt、每个 t 值的迭代次数 L 和停止条件 S。总结如下：

若 $f(y(i+1)) \leqslant f(y(i))$，则总是接受该移动。

若 $f(y(i+1)) > f(y(i))$，则以一定概率接受该移动。

且第二种情况中的概率随时间的推移逐渐降低。下面我们用一个寻找最大值点的例子来说明模拟退火算法的求解过程。

如图 4.1 所示，其中共有 3 个极大值点，如果整个函数横坐标取值范围为 0～10，那么 3 个极大值点分别在 0.75，5.1，9.3 处。在整个横坐标范围内随机取 20 个点，将这些点分别作为起始点，用模拟退火算法寻找曲线图上最大值点的位置。

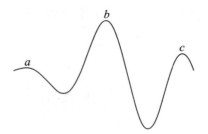

图 4.1 函数曲线图

图 4.2 表示了随机取的 20 个点在曲线上的分布情况。

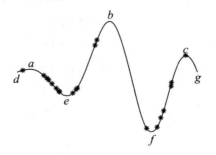

图 4.2 函数曲线图上随机分布的点

因为本例是要得曲线上的最大值点，那么相应的规则变为：

若 $f(y(i+1)) \geqslant f(y(i))$，则总是接受该移动。

若 $f(y(i+1)) < f(y(i))$，则以一定概率接受该移动。

将开始温度值设为 20，温度下降率为 0.99，当迭代次数为 200 时，得到的最终结果如图 4.3 所示。

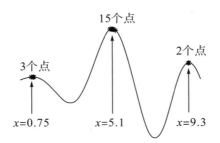

图 4.3　模拟退火算法求最大值点的结果

由结果可知，20 个点中有 15 个点运行到了最大值点 5.1 处，在极大值点 0.75 处有 3 个点，极大值点 9.3 处有 2 个点。

观察图 4.2 可知，原始点的分布为：区间 $[d,e]$ 中的点数为 8 个，区间 $[e,f]$ 中的点数为 6 个，区间 $[f,g]$ 中的点数为 6 个。可定义成功率为

$$\mu = \frac{n}{m} \qquad (4.2)$$

式中，n 为模拟退火算法运行后区间中极大值点附近的点数；m 为原始点在该区间分布的点数。经过运算可知本次运用模拟退火算法寻找极大值点的结果在上述 3 个区间的成功率分别为 0.38，2.5 和 0.33，由此可以看出模拟退火算法有比较大的成功率。但是还应看到，在 $[d,e]$ 和 $[f,g]$ 两个区间中分别保留有 3 个点和 2 个点没有运行到最大值点附近。

模拟退火算法有一定的随机性，并非总可以找到全局最优解，有时也会陷入局部最优解中。为了研究其有效性，将上述求解过程运行 20 次，结果见表 4.1。

表 4.1　模拟退火算法运行后 3 个区间中的点数分布结果

次数	1	2	3	4	5	6	7	8	9	10	11	12	13	14	15	16	17	18	19	20
n_1	0	2	1	4	0	1	2	2	1	0	3	2	2	2	2	3	1	2	0	1
n_2	16	15	17	15	17	16	14	17	19	17	15	17	17	15	13	14	17	17	18	16
n_3	4	3	2	1	3	3	4	1	0	3	2	1	1	3	5	3	2	1	2	3

表 4.1 中，n_1，n_2，n_3 分别表示模拟退火算法运行后在图 4.2 中从左到右 3 个极大值点附近分布的点数，对 n_1，n_2，n_3 的数据分别求均值和标准差，

结果见表 4.2。

表 4.2 3 个区间点数分布的均值和标准差

3 个极大值点附近的点数	n_1	n_2	n_3
点数分布的均值	1.55	16.10	2.35
点数分布的标准差	1.10	1.48	1.27

从表 4.2 可以看出，在最大值点，也就是 b 点分布的点数最多，平均达 16.1，相比较，a 点和 c 点分别为 1.55 和 2.35。这说明尽管模拟退火算法并不能保证分布在各处的点在每次运行此算法时都收敛于最大值点 $x = 5.1$ 附近，但是从表 4.2 可以看到 $x = 5.1$ 附近的点数即 n_2 是最大的，也即可以大概率收敛于最大值点附近。

前面只是研究随机分布的 20 个点经过模拟退火算法后在 3 个极大值点附近的点数分布情况，下面要进一步研究这些点在 3 个极大值点附近的位置分布情况。

比如，第一次分布情况为：

5.1080　5.1093　5.1095　5.1111　5.1116　5.1171　5.1180　5.1188
5.1193　5.1209　5.1211　5.1218　5.1250　5.1301　5.1651　5.1744
9.3296　9.3420　9.3548　9.3571

第二次分布情况为：

0.7122　0.7283　5.0881　5.0997　5.1014　5.1087　5.1102　5.1104
5.1115　5.1116　5.1119　5.1179　5.1219　5.1228　5.1264　5.1288
5.1304　9.3339　9.3378　9.3500

第三次分布情况为：

0.7116　5.1037　5.1054　5.1139　5.1155　5.1160　5.1177　5.1189
5.1206　5.1240　5.1243　5.1269　5.1314　5.1420　5.1482　5.1488
5.1496　5.1633　9.3405　9.3520

......

综合前 10 次分布情况，可得其统计数据，见表 4.3。

表 4.3 3 个极大值点附近的点位置的分布情况统计

次数	1	2	3	4	5	6	7	8	9	10
a 点附近均值		0.72	0.71	0.71		0.68	0.72	0.72	0.71	

次数	1	2	3	4	5	6	7	8	9	10
a 点附近标准差		0.01	0	0.02		0	0.02	0.01	0	
b 点附近均值	5.12	5.11	5.13	5.12	5.11	5.12	5.12	5.12	5.12	5.11
b 点附近标准差	0.02	0.01	0.02	0.02	0.02	0.01	0.02	0.01	0.01	0.01
c 点附近均值	9.35	9.34	9.35	9.33	9.36	9.34	9.36	9.33		9.34
c 点附近标准差	0.01	0.01	0.01	0	0.02	0.01	0.01	0		0.02

由表 4.3 可知，每次点的分布位置的标准差是比较小的，说明这些点可以比较精确地"找到"极值点的位置。

其实在模拟退火算法中，温度的下降率对算法运行结果的影响是非常大的。当温度下降率由 0.99 改为 0.8，其他参数保持不变，即开始温度值和迭代次数仍然分别设为 20 和 200 时，可得到的点数分布结果见表 4.4。

表 4.4　当温度下降率为 0.8 时模拟退火算法运行后 3 个区间的点数分布结果

次数	1	2	3	4	5	6	7	8	9	10	11	12	13	14	15	16	17	18	19	20
n_1	7	7	5	7	6	4	8	5	6	5	8	5	3	9	6	6	7	10	4	6
n_2	7	8	12	7	9	12	8	11	12	11	6	11	12	7	9	9	10	7	11	10
n_3	6	5	3	6	5	4	4	4	2	4	6	4	5	4	5	5	3	3	5	4

同样地，对 n_1，n_2，n_3 的数据分别求均值和标准差，结果见表 4.5。

表 4.5　当温度下降率为 0.8 时 3 个区间点数分布的均值和标准差

3 个区间的点数	n_1	n_2	n_3
点数分布的均值	6.20	9.50	4.35
点数分布的标准差	1.74	2.01	1.09

比较表 4.2 和表 4.5 的数据可知，当温度下降率由原来的 0.99 减小为 0.8 时，在 3 个极大值点附近的点数分布有趋同化的倾向。也就是说，此时算法收敛到最大值点的功能变弱，会有相当多的点分布在除最大值点外的另外两个极大值点附近。

当其他参数保持不变，仅迭代次数变化时也会对寻优效果产生影响。如果只把迭代次数由原来的 200 增加为 400，同样运行 20 次，可得到的点数分布结果见表 4.6。

表 4.6　当迭代次数为 400 时模拟退火算法运行后 3 个区间的点数分布结果

次数	1	2	3	4	5	6	7	8	9	10	11	12	13	14	15	16	17	18	19	20
n_1	1	5	4	1	0	4	4	3	2	1	3	3	2	1	1	1	4	3	1	4
n_2	17	13	14	19	17	13	13	17	16	16	15	16	15	18	18	18	15	16	16	14
n_3	2	2	2	0	3	3	3	0	2	3	2	1	3	1	1	1	1	1	3	2

对 n_1，n_2，n_3 的数据分别求其均值和标准差，结果见表 4.7。

表 4.7　当迭代次数为 400 时 3 个区间点数分布的均值和标准差

3 个区间的点数	n_1	n_2	n_3
点数分布的均值	2.40	15.80	1.80
点数分布的标准差	1.47	1.79	1.01

比较表 4.1 和表 4.6 的数据可以看出，二者并无本质上的差别，再比较表 4.2 和表 4.7 的数据也可以得出同样的结论。这说明当迭代次数达到一定值以后，再进一步增加其值，在 3 个极大值点附近分布的点的数目变化不大。

下面要进一步研究这些点在 3 个极大值点附近的位置分布情况。

比如，第一次分布情况为：

0.7150　5.1158　5.1165　5.1166　5.1177　5.1178　5.1179　5.1184
5.1186　5.1187　5.1188　5.1193　5.1196　5.1207　5.1211　5.1214
5.1224　5.1227　9.3544　9.3553

第二次分布情况为：

0.7133　0.7137　0.7149　0.7154　0.7177　5.1127　5.1150　5.1172
5.1176　5.1186　5.1187　5.1188　5.1198　5.1205　5.1206　5.1226
5.1227　5.1241　9.3517　9.3542

第三次分布情况为：

0.7144　0.7144　0.7148　0.7157　5.1126　5.1169　5.1169　5.1172
5.1175　5.1176　5.1182　5.1184　5.1185　5.1188　5.1194　5.1202
5.1208　5.1210　9.3537　9.3543

······

综合前 10 次分布情况，可得其统计数据，见表 4.8。

表 4.8　当迭代次数为 400 时 3 个极大值点附近的点位置的分布情况统计

次数	1	2	3	4	5	6	7	8	9	10
a 点附近均值	0.72	0.72	0.72	0.71		0.71	0.71	0.72	0.71	0.72
a 点附近标准差	0	0	0	0		0	0	0	0	0
b 点附近均值	5.12	5.12	5.12	5.12	5.12	5.12	5.12	5.12	5.12	5.12
b 点附近标准差	0	0	0	0	0	0	0	0	0	0
c 点附近均值	9.35	9.35	9.35		9.36	9.36	9.35		9.35	9.35
c 点附近标准差	0	0	0		0	0	0		0	0

从表 4.8 的数据可以看出，在保持两位小数的情况下，所有的标准差都为 0。这说明在迭代次数增加到 400 时，尽管在 3 个极大值点附近分布的点的数目没有实质性改变，但是这些点的位置分布更加集中，也就是说可以通过增加迭代次数来使得模拟退火算法在某种意义上更加准确地收敛到最优点。

如果用模拟退火算法求全局最小值点的位置，可得如图 4.4 所示的结果，在第一个极小值点附近分布有 9 个点，在第二个极小值点附近分布有 11 个点。初看起来，在两个极小值点分布的点数差别不大，在全局最小值点 f 处分布的点数值只比极小值点 e 处多 2 个。也就是说，在这个例子中差不多有一半的点没有寻找到全局最优点。但是还要考虑原始点的分布情况。由图 4.2 可知，在 b 点的左侧分布有 13 个点，在 b 点的右侧分布有 7 个点，由式（4.2）可得：$\mu_1 = 0.69$，$\mu_2 = 1.57$。这说明模拟退火算法在寻找全局最优点时会受到点的初始位置的影响。

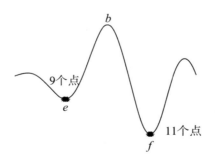

图 4.4　模拟退火算法求最小值点的结果

为了清楚地看到模拟退火算法不同次寻找全局最小值点的运行效果，把前面三次运行结果列出。第一次运行结果：

2.7010　2.7070　2.7319　2.7400　2.7595　2.7978　2.8313　2.8367

2.8663　2.8962　7.3836　7.3972　7.4200　7.4338　7.4339　7.4493

7.4551　7.4700　7.4722　7.4919

第二次运行结果：

2.6790　2.7047　2.7464　2.7762　2.8114　2.8122　2.8208　2.8362

2.8511　7.3648　7.3689　7.4076　7.4110　7.4369　7.4494　7.4498

7.4693　7.4836　7.4865　7.4889

第三次运行结果：

2.7351　2.7478　2.7522　2.7736　2.7894　2.8074　2.8237　2.8436

7.3522　7.3824　7.3935　7.3937　7.4073　7.4280　7.4292　7.4458

7.4569　7.4687　7.4728　7.5211

图 4.4 就是第二次运行的结果，在 e 点附近分布有 9 个点，在 f 点附近分布有 11 个点。同样运行 20 次，所得结果见表 4.9。其中 n_1 表示在 e 点附近分布的点数，n_2 表示在 f 点附近分布的点数。

表 4.9　寻找全局最小值点时模拟退火算法运行后 2 个极小值点附近的点数分布结果

次数	1	2	3	4	5	6	7	8	9	10	11	12	13	14	15	16	17	18	19	20
n_1	10	9	8	13	9	11	8	12	9	9	9	10	9	11	11	5	11	10	11	11
n_2	10	11	12	7	11	9	12	8	12	11	11	10	11	9	9	15	9	10	9	9

由表 4.9 可知，n_1 的均值为 9.7500，n_2 的均值为 10.2500，两者的标准差都为 1.7733。这样的结果也正好验证了前面的结论，即在用模拟退火算法寻找全局最优解时，初始点位置的选取对最后的结果有至关重要的影响。

模拟退火算法是一种常用的优化算法，它利用迭代的方法逐步地逼近全局最优点，其结果会受到起始温度、迭代次数、温度下降率等参数的影响，为了得到最好的结果，应认真设置和选择这些参数。这些参数的设置和选择应根据实际要解决的问题来综合考虑。

4.2　非刚体点匹配问题中点对应关系的分析

在进行非刚体点匹配的过程中，首先要确定两个点集之间点与点的对应关系，点对应关系的确定直接影响到点匹配的结果。一个合理的点对应关系是非刚体点匹配能够得到最优解的前提条件。通常在许多情况下得到的点对应关系并非是一一对应的，在这样的对应关系下进行空间变换往往不能够得到点匹配的全局最优解。利用在对应矩阵上加适当的随机扰动的方法，可以避免非刚体点匹配陷入局部最小值点，从而得到最佳的匹配结果。在本节中，我们利用这一方法来研究非刚体点匹配问题中点对应关系的确定对点匹配结果的影响。

4.2.1　随机扰动对点对应关系的影响分析

点匹配方法是非刚体图像配准中的一个最基本的方法，广泛地应用于计算机视觉、图像分析和模式识别[32−36]。与其他基于特征的匹配方法相比，点匹配方法更加简单，且点匹配方法也是其他基于特征的匹配方法的基础，因此在非刚体图像配准中受到了越来越多的关注。非刚体点匹配涉及两个基本过程，第一个是两个点集中点与点的对应关系的确定，第二个是点集之间的非刚体变换，这两个过程不是互相独立的，它们之间相互影响，一旦其中之一被确定了，对另一个的求解就很简单了。对于点匹配问题的解决，一般有两种途径：一种是将对应关系和空间变换分别处理，只解决其中之一；另一种是将两个问题联合处理，将点之间的对应关系和空间变换看成两个变量，用迭代的方法先保持一个变量不变而估计另一个变量，然后在得到估计量的基础上保持这个估计量不变，对先前不变的那个变量进行新的估计，在交替的过程中两个变量相互改进，直到得到最终的优化解。因此，我们可以将第一种途径称为独立估计法，将第二种途径称为联合估计法。到目前为止，已发表的文献大部分专注于解决刚体变换问题。比如已提出的惯性矩法[37]，此法是先求出数据的"质心"和"主轴"，"质心"可以用来解决空间变换中的位移问题，"主轴"提供数据集整体的指向，由此解决数据集的旋转角度问题。同样只用于解决刚体变换问题的方法还有 Hugh 变换[38]、Hausdorff 距离[39] 等，这一类方法属于独立估计法。非刚体图像配准由于最优解的搜索空间维度过大，求解过程过于复杂，所以一般利用联合估计法。在联合估计法中，两个点集之间的对应关系的确定是解决问题的关键所在。

在联合估计法中有一种方法最为常见，那就是基于 ICP 的联合估计法[40]。它的原理是先在两个点集之间初步确定对应关系，在对应关系确定后进行空间变换，空间变换后可得到新的估计点集，用此点集与目标点集再一次进行对应关系的确定，这样周而复始地进行对应关系和空间变换的轮流迭代，最后收敛于一个全局最优点。图 4.5 是要配准的两个点集，分别为模板点集 Q 和目标点集 P[34]。配准的任务是将模板点集经过空间变换匹配到目标点集上去。

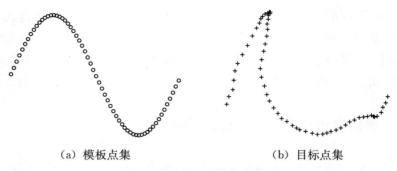

（a）模板点集　　　　　　　　（b）目标点集

图 4.5　模板点集与目标点集

　　首先对模板点集中的每一个点在目标点集中找到离自己最近的点，这样可以形成一个模板点集到目标点集的对应矩阵 m_1，矩阵中的行号为模板点集中对应点的标号，矩阵中的列号为目标点集中对应点的标号。若 $m_1(i,j)=1$，说明模板点集中的第 i 点在目标点集中找到的最近点为第 j 点。再对目标点集中的每个点寻找在模板点集中的最近点，形成目标点集到模板点集的对应矩阵 m_2，m_2 中的行号和列号的规定和 m_1 中是相同的。将两者进行平均得到两个点集之间的双向对应矩阵 m，有 $m=0.5×(m_1+m_2)$。为了观察和叙述方便，对图 4.5 中的两个点集分别进行等间隔抽样，得到两个均由 8 个点形成的点集，以此来说明双向对应矩阵 m 的形成过程。抽样后形成的两个点集如图 4.6所示。

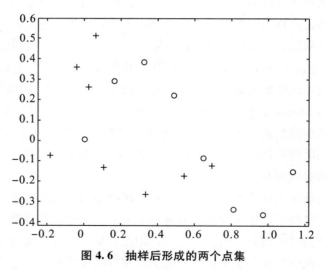

图 4.6　抽样后形成的两个点集

　　图中的"○"代表原始模板点集经抽样后形成的由 8 个点形成的点集，"＋"代表原始目标点集抽样后形成的点集。对模板点集中的每个点寻找在目标点集中对应的最近点，其结果如图 4.7 所示。

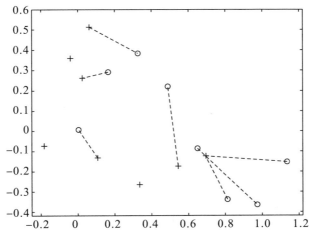

图 4.7　抽样后形成的模板点集到目标点集的对应关系

由图 4.7 可知，模板点集中的每一个点都可以在目标点集中找到与自己最近的唯一的一个点，为了便于观察，用虚线将两点连接起来。通过计算可得对应矩阵 m_1：

$$m_1 = \begin{pmatrix} 0 & 0 & 0 & 0 & 1 & 0 & 0 & 0 \\ 0 & 0 & 0 & 1 & 0 & 0 & 0 & 0 \\ 0 & 0 & 1 & 0 & 0 & 0 & 0 & 0 \\ 0 & 0 & 0 & 0 & 0 & 0 & 1 & 0 \\ 0 & 0 & 0 & 0 & 0 & 0 & 0 & 1 \\ 0 & 0 & 0 & 0 & 0 & 0 & 0 & 1 \\ 0 & 0 & 0 & 0 & 0 & 0 & 0 & 1 \\ 0 & 0 & 0 & 0 & 0 & 0 & 0 & 1 \end{pmatrix}$$

矩阵 m_1 说明：模板点集中的第 1 点在目标点集中的最近点为第 5 点，模板点集中的第 2 点在目标点集中的最近点为第 4 点，模板点集中的第 3 点在目标点集中对应的也为第 3 点，模板点集中的第 4 点在目标点集中对应第 7 点，模板点集中的第 5、6、7、8 这 4 个点在目标点集中找到的最近点都为第 8 点。

然后对目标点集中的每个点寻找在模板点集中的最近点，其对应点之间也用虚线连接，其结果如图 4.8 所示。

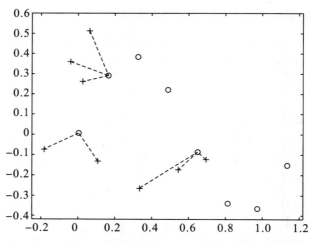

图 4.8 抽样后形成的目标点集到模板点集的对应关系

用同样的方法可以求得目标点集到模板点集的对应矩阵 m_2：

$$
m_2 = \begin{pmatrix}
1 & 0 & 0 & 0 & 1 & 0 & 0 & 0 \\
0 & 1 & 1 & 1 & 0 & 0 & 0 & 0 \\
0 & 0 & 0 & 0 & 0 & 0 & 0 & 0 \\
0 & 0 & 0 & 0 & 0 & 0 & 0 & 0 \\
0 & 0 & 0 & 0 & 0 & 1 & 1 & 1 \\
0 & 0 & 0 & 0 & 0 & 0 & 0 & 0 \\
0 & 0 & 0 & 0 & 0 & 0 & 0 & 0 \\
0 & 0 & 0 & 0 & 0 & 0 & 0 & 0
\end{pmatrix}
$$

矩阵 m_2 说明：目标点集中的第 1、5 点在模板点集中找到的最近点都为第 1 点，目标点集中的第 2、3、4 点在模板点集中找到的最近点都为第 2 点，目标点集中的第 6、7、8 点在模板点集中找到的最近点都为第 5 点。可以看到，无论对应矩阵 m_1 还是对应矩阵 m_2 都存在一对多或者多对一的情况，这样的情况会造成后续点匹配的困难。由两个对应矩阵得到的双向对应矩阵 m 如下：

$$
m = \begin{pmatrix}
0.5 & 0 & 0 & 0 & 1 & 0 & 0 & 0 \\
0 & 0.5 & 0.5 & 1 & 0 & 0 & 0 & 0 \\
0 & 0 & 0.5 & 0 & 0 & 0 & 0 & 0 \\
0 & 0 & 0 & 0 & 0 & 0 & 0.5 & 0 \\
0 & 0 & 0 & 0 & 0 & 0.5 & 0.5 & 1 \\
0 & 0 & 0 & 0 & 0 & 0 & 0 & 0.5 \\
0 & 0 & 0 & 0 & 0 & 0 & 0 & 0.5 \\
0 & 0 & 0 & 0 & 0 & 0 & 0 & 0.5
\end{pmatrix}
$$

其相应的双向对应关系图如图 4.9 所示。

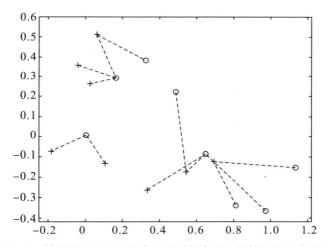

图 4.9　抽样后形成的目标点集和模板点集之间的双向对应关系

由双向对应矩阵可以求出模板点集 Q 变换后的新的点集 Q'，变换公式如下：

$$
Q' = \frac{mQ}{\sum_i m_i} \tag{4.3}
$$

式中，i 为矩阵 m 的行标号。如果不对矩阵 m 进行处理而直接用式（4.3）进行计算，所得到的点将会出现归并现象，点数将会减少，这样就无法在两个点集之间建立起一一对应的关系，匹配的结果很可能会陷入局部极小值，无法得到全局最优解。图 4.10 为不加随机扰动情况下得到的变换后的点集。

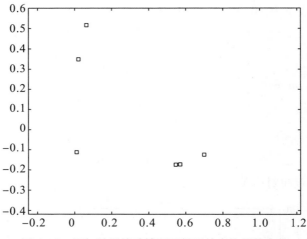

图 4.10　不加随机扰动情况下得到的变换后的点集

从图 4.10 可以看到，如果在双向对应矩阵 *m* 上不加随机扰动，那么经过变换后原来的模板点集 Q 的 8 个点将会变成新点集 Q' 的 6 个点，用这 6 个点与目标点集的 8 个点进行匹配是不合理的。为了避免发生这样的情况，需要在双向对应矩阵 *m* 上加一个随机扰动，这样可以恢复到 8 个点，结果如图 4.11 所示。

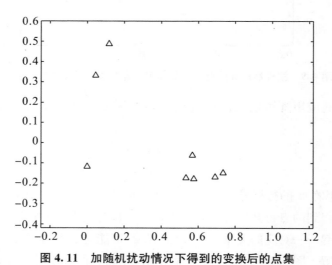

图 4.11　加随机扰动情况下得到的变换后的点集

用图 4.5 中的两个点集进行匹配实验，对应矩阵的求解和空间变换要交替进行，每一步的迭代都是向最终解的逼近，经过多次运算最后得到一个全局最优解。在图 4.12 中可以看到两个点集之间的对应关系，在目标点集曲率大的地方较多地出现了多对一或者一对多的情况。图 4.13 是最终匹配结果，除曲线的顶点处和末尾处外，其余部分都得到了较好的配准。图 4.14 是空间变换情况，显示了原点集的网格图（虚线部分）和变换后的网格图（实线部分）之间的对应关系。

图 4.12　原始点集非刚体点匹配过程中的对应关系

图 4.13　原始点集非刚体点匹配的最终匹配结果

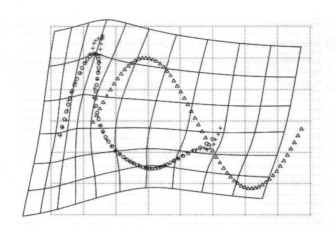

图 4.14   原始点集非刚体点匹配空间变换情况

　　加不同的随机扰动会对最后的匹配结果产生不同的影响。下面讨论在双向对应矩阵 m 上加不同程度随机扰动后的匹配结果。图 4.15 为不加随机扰动时非刚体点匹配的最终匹配结果，模板点集的点普遍下移，造成两个点集在顶点部分没有得到很好的配准，这也和前面分析的在曲率大的地方出现较多多对一或一对多的情况相吻合。图 4.16 为随机扰动系数为 0.26 时非刚体点匹配的最终匹配结果，即在双向对应矩阵 m 上加 0.26 倍的均值为 0、标准差为 1 的正态分布的随机扰动。由此结果可以看出，在整个范围内模板点集和目标点集得到了较好的匹配。当所加的随机扰动增大到 0.6 倍时，匹配结果如图 4.17 所示。此时的匹配结果甚至比不加随机扰动时还要差，这是因为过量的随机扰动造成了对应关系的模糊，由这种模糊引起的对应的不确定性会引起匹配效果的恶变。

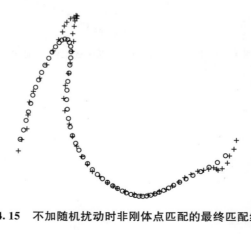

图 4.15   不加随机扰动时非刚体点匹配的最终匹配结果

图 4.16　随机扰动系数为 0.26 时非刚体点匹配的最终匹配结果

图 4.17　随机扰动系数为 0.6 时非刚体点匹配的最终匹配结果

　　为了定量地研究在对应矩阵上加不同程度的随机扰动对匹配结果的影响，本节先定义配准误差如下：

$$e = \frac{\sum\limits_{i=1}^{n} d_{xi} + \sum\limits_{j=1}^{m} d_{yj}}{n + m} \tag{4.4}$$

式中，d_{xi} 为变形后的模板点集 Q' 中的每个点与其在目标点集 P 中找到的最近点之间的距离；d_{yj} 为目标点集 P 中的每个点与其在模板点集 Q' 中找到的最近点之间的距离；n 和 m 分别为模板点集和目标点集的点数。这里以步长为 0.1，范围从 0.1 到 1.0 取 10 个值作为加在双向对应矩阵 $\boldsymbol{m}$ 上的均值为 0、标准差为 1 的正态分布随机扰动的系数，每一种情况下运行 30 次，最后计算配准误差的均值和标准差，结果见表 4.10。

表 4.10 取步长为 0.1，扰动系数从 0.1 到 1.0 时配准误差的情况

扰动系数	0.1	0.2	0.3	0.4	0.5	0.6	0.7	0.8	0.9	1.0
均值	0.0164	0.0152	0.0145	0.0170	0.0177	0.0335	0.6517	0.0494	0.0341	0.0420
标准差	0.0008	0.0010	0.0013	0.0069	0.0045	0.0499	3.3884	0.0545	0.0093	0.0137

由表 4.10 中的数据可知，配准误差的均值最小点在 0.2 和 0.3 之间。为了找到最小点再取步长为 0.01，范围从 0.21 到 0.30 取 10 个值作为加在双向对应矩阵 m 上的均值为 0、标准差为 1 的正态分布随机扰动的系数，每一种情况下运行 30 次，最后计算配准误差的均值和标准差，结果见表 4.11。

表 4.11 取步长为 0.01，扰动系数从 0.21 到 0.30 时配准误差的情况

扰动系数	0.21	0.22	0.23	0.24	0.25	0.26	0.27	0.28	0.29	0.30
均值	0.0153	0.0151	0.0151	0.0153	0.0149	0.0144	0.0146	0.0148	0.0152	0.0150
标准差	0.0010	0.0010	0.0012	0.0014	0.0014	0.0012	0.0012	0.0014	0.0014	0.0017

由表 4.11 中的数据可以看到，当所加正态分布的随机扰动系数为 0.26 时，配准误差的均值最小，说明此时的配准效果最好。

4.2.2 映射方向对匹配结果的影响分析

在进行迭代最近点分析时，先做一个模板点集到目标点集的最近点确定，再做一个目标点集到模板点集的最近点确定。前者可称为正向最近点映射，后者可称为反向最近点映射。前面的方法是将分别得到的两个映射的对应矩阵 m_1 和 m_2 进行平均，得到总的双向对应矩阵 m，以此来确定模板点集"应该"变换到的位置，即点集 Q'。本节将要讨论在双向对应矩阵 m 的确定过程中，m_1、m_2 的权重如何对匹配结果产生影响。

可将双向对应矩阵 m 在产生过程中与 m_1 和 m_2 的关系表示为

$$m = km_1 + (1-k)m_2 \qquad (4.5)$$

式中，k 可认为是双向对应矩阵 m 中 m_1 的权重，也就是它所占的比重；$(1-k)$ 就是 m_2 所占的比重。下面按 k 值从小到大的顺序研究其对匹配结果的影响。当 $k=0$ 时，匹配结果如图 4.18 所示。

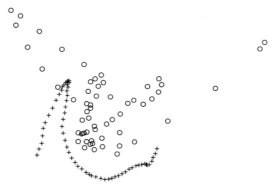

图 4.18　$k=0$ 时的匹配结果

由图 4.18 可知，由于 $k=0$，在对应矩阵的形成过程中，模板点集到目标点集的对应关系完全不起作用，这样使得最后的匹配结果完全没有体现 $\boldsymbol{m}_1$ 的影响。本来就是做的模板点集到目标点集的匹配，如果 $\boldsymbol{m}_1$ 的作用不能体现，这个匹配就没有意义。因此，在图 4.18 中可以看到二者没有任何意义上的匹配，模板点集被映射成了一堆分散的点。图 4.19～图 4.22 是 k 分别取 0.5、0.7、0.9 和 1.0 时对应的匹配结果。

图 4.19　$k=0.5$ 时的匹配结果

图 4.20 $k = 0.7$ 时的匹配结果

图 4.21 $k = 0.9$ 时的匹配结果

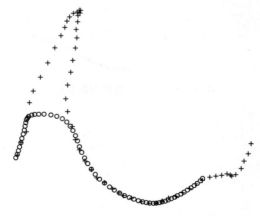

图 4.22 $k = 1.0$ 时的匹配结果

从图 4.19～图 4.22 可以看出，当 $k=0.5$ 时，匹配效果最好，这也就是前面在计算 m 时取 m_1 和 m_2 的平均值的原因。

可以用前面的包含 8 个点的抽样点集来说明这个问题。如果只考虑正向映射的作用，那么得到的点集 Q' 如图 4.23 所示，这种情况相当于式（4.5）中 $k=1$ 的情况。

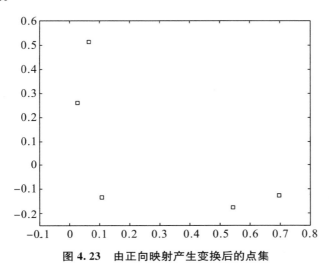

图 4.23　由正向映射产生变换后的点集

从图 4.23 可以看到，原来的 8 个点经正向映射后只有 5 个点。

如果只考虑反向映射的作用，那么得到的点集 Q' 如图 4.24 所示。

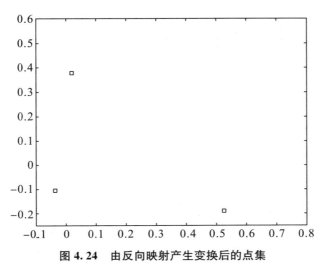

图 4.24　由反向映射产生变换后的点集

从图 4.24 可以看到，原来 8 个点经反向映射后只有 3 个点了。如果采用在对应矩阵上加随机扰动的方法也只能恢复到 4 个点的状态，结果如图 4.25 所示。这也无法形成和目标点集中 8 个点一一对应的关系。正如前文所述，在匹配的迭代过程中避免两个点集之间出现过多的一对多或多对一的情况，是使匹配结果最终收敛于全局最优点的条件。

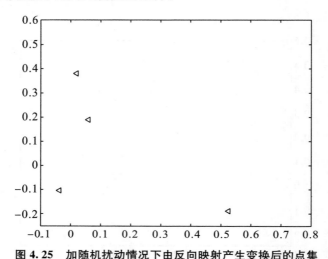

图 4.25 加随机扰动情况下由反向映射产生变换后的点集

4.2.3 迭代次数对匹配结果的影响分析

在用模拟退火算法进行匹配点的寻优过程中，随着迭代次数的增加，温度 T 逐渐减小，这样就使得空间变换中的薄板样条变换的 λ 值减小，当此值减小为 0 时就是精确插值。随着迭代次数的增多，匹配的效果会越来越准确。在本节中将通过逐渐增加迭代次数来讨论匹配结果与迭代次数的关系。

图 4.26～图 4.28 是迭代次数分别取 22、54 和 100 时的匹配结果。对比这 3 幅图可以发现，随着迭代次数的增加，匹配的效果在改善，特别是在两个点集曲率大的顶点部分和它们的末尾部分改善的效果尤其明显。这两个地方也正是点对应关系的确定中出现一对多或多对一情况最多的地方。非刚体点匹配过程中既要考虑匹配的精度也要考虑匹配的速度，特别是在实时系统中对匹配速度的要求尤其严格，否则再好的匹配结果也将失去存在的意义。在本例中当迭代次数超过 100 时，再多的迭代次数对匹配结果的提升效果都不会太明显，所以迭代次数要根据具体处理的两个点集和系统实时性的要求综合确定。

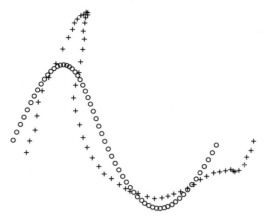

图 4.26　迭代次数为 22 时的匹配结果

图 4.27　迭代次数为 54 时的匹配结果

图 4.28　迭代次数为 100 时的匹配结果

4.2.4 温度下降系数对匹配结果的影响分析

温度下降系数是模拟退火算法中的又一个重要参数。温度下降系数越小（即温度下降越快）越不利于全局最优点的寻找，关系式如下：

$$T_{i+1} = l \cdot T_i \tag{4.6}$$

式中，i 为迭代次数，第 $i+1$ 次迭代的温度是前一次（即第 i 次）迭代的温度乘一个系数，此系数就是温度下降系数。T 下降得越快意味着模拟退火算法的作用越被弱化，不能起到跳出局部最小值点的效果。下面取温度下降系数分别为 0.4、0.8 和 0.95，讨论在这样的情况下的匹配结果，具体如图 4.29～图 4.31 所示。对比这 3 幅图可以看到，当温度下降系数过小时，如当温度下降系数为 0.4 时，在两个点集的起始部分没有得到很好的匹配；当温度下降系数比较大时，如当温度下降系数大于 0.8 时，总体匹配较好。

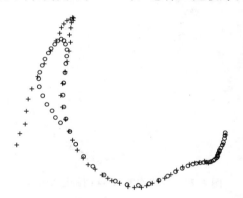

图 4.29　温度下降系数为 0.4 时的匹配结果

图 4.30　温度下降系数为 0.8 时的匹配结果

图 4.31　温度下降系数为 0.95 时的匹配结果

4.2.5　非刚体点匹配方法的改进

给定两个点集，先确定两个点集中每个点之间的对应关系，然后进行空间变换，将一个点集匹配到另一个点集上去，这就是非刚体点匹配的过程。其中，在确定点集之间的对应关系时用到了迭代最近点法，此方法最先用在刚体点云的匹配过程中，在非刚体点匹配中也可以使用。当两个点集距离较远时，直接使用迭代最近点法不容易实现点与点之间一一对应关系的确定，对应关系的模糊是匹配结果无法收敛于全局最优点的原因之一。本节中讨论使用的点集重心匹配法，是先进行两个点集之间的粗匹配，然后再使用迭代最近点法进行精匹配，这样可以使匹配的效果最大限度地收敛于全局最优点。

图 4.32 是需要进行点匹配的两个点集[34]（双鱼），先用式（4.7）求出两个点集各自的重心。

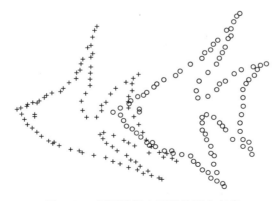

图 4.32　需要进行点匹配的两个点集

$$\begin{cases} \overline{x} = \dfrac{\sum\limits_i x_i}{n} \\[4mm] \overline{y} = \dfrac{\sum\limits_i y_i}{n} \end{cases} \tag{4.7}$$

对图 4.32 中的两个点集进行重心匹配（重心对齐）可得到如图 4.33 所示的粗匹配结果。

图 4.33　基于重心对齐的两个点集的粗匹配结果

在重心粗匹配的基础上进行基于迭代最近点法的精匹配，其匹配结果和相应的空间变换如图 4.34 和图 4.35 所示。

图 4.34　在重心粗匹配的基础上两个点集的精匹配结果

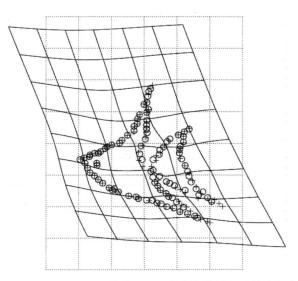

图 4.35 在重心粗匹配的基础上两个点集的精匹配的空间变换

为了和原来的匹配结果进行对比,将没有预先进行重心粗匹配,直接进行基于迭代最近点匹配的结果和相应的空间变换示于图 4.36 和图 4.37 中。

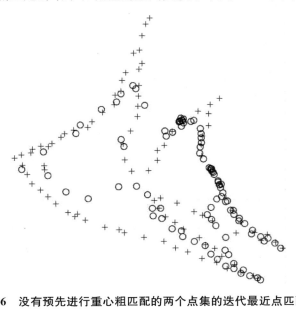

图 4.36 没有预先进行重心粗匹配的两个点集的迭代最近点匹配结果

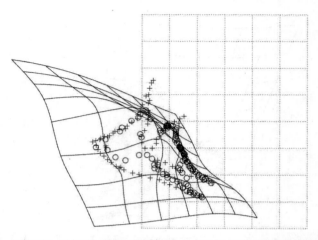

图 4.37　没有预先进行重心粗匹配的两个点集的迭代最近点匹配的空间变换

为了研究基于预先进行重心粗匹配的方法的适用性，本节还选择了具有字型特征的两个"福"字的点集进行匹配[34]，如图 4.38 所示。

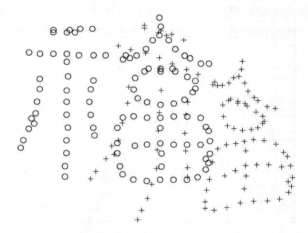

图 4.38　需要进行匹配的两个"福"字点集

预先对图 4.38 中的两个点集进行重心的对齐，可得如图 4.39 所示的结果。

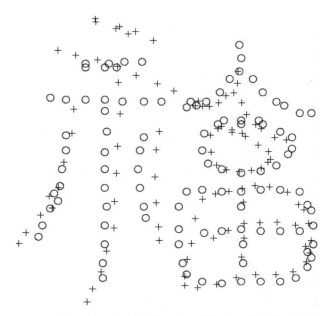

图 4.39　基于预先重心对齐的两个"福"字点集的粗匹配结果

在图 4.39 的基础上进行基于迭代最近点法的精匹配，其匹配结果和相应的空间变换如图 4.40 和图 4.41 所示。

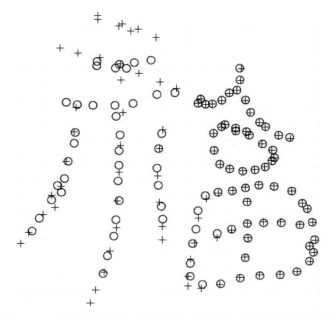

图 4.40　基于预先重心对齐的两个"福"字点集的精匹配结果

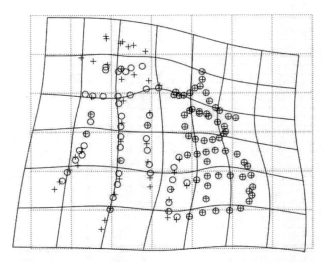

图 4.41　基于预先重心对齐的两个"福"字点集的精匹配的空间变换

为了看清楚预先重心对齐过程在非刚体点匹配中的作用，将没有预先进行重心粗匹配，直接进行基于迭代最近点法匹配的结果和相应的空间变换示于图 4.42 和图 4.43 中。

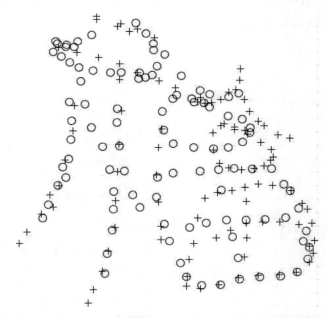

图 4.42　没有预先进行重心粗匹配的两个"福"字点集的迭代最近点匹配结果

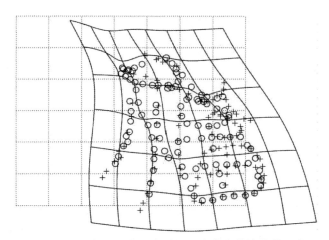

图 4.43 没有预先进行重心粗匹配的两个"福"字点集的迭代最近点匹配的空间变换

对比图 4.40 和图 4.42 可以看出，在两个点集进行非刚体点匹配前，预先进行重心对齐的精匹配，其最终匹配结果会好于直接进行非刚体点匹配的结果。当然从效果的提升程度来看，双鱼点集的匹配结果好于"福"字点集的匹配结果，这其中的两个原因：一是从原图来看，前者的重心距离要远于后者的重心距离；二是点集的构造特征也对结果有影响。

4.3　本章小结

本章中我们首先讨论了在非刚体点匹配的过程中最常用的优化算法，即模拟退火算法。虽然不能保证每次都可以收敛到全局最优解，但是模拟退火算法可以最大限度地收敛于全局最优解，在精心配置各种参数的情况下，此算法不失为非刚体点匹配过程中一个较好的选择。非刚体点匹配过程中的关键是点与点的对应关系的确定，只有在采取合理的点对应关系的前提下才可以得到合理的匹配结果。本章采取在双向对应矩阵上加随机扰动的方法可以有效避免多对一或一对多的情况出现，从而有效提高配准的精度。本章的最后讨论了预先进行点集重心对齐的非刚体点匹配算法，此方法比直接进行点匹配的效果更好，其后的仿真实验验证了该方法的可行性和有效性。

第5章　形状上下文在非刚体点匹配中的应用

在非刚体点匹配中最基本的问题是两个点集中点与点之间对应关系的确定，这个问题的解决方法直接关系到非刚体点匹配的最终结果。除了前面用到的迭代最近点法外，还有一种经常用到的方法，称为形状上下文[41]。形状上下文直接来源于英语"Shape Contexts"的翻译，本意是表征一个点与周围邻近点之间关系的测度，此测度可以把本点与其他点区别开来，本质上讲就是点集中一个点的"身份"的象征，两个点集中形状上下文相似程度越接近的两个点倾向于是对应点。形状上下文的提出为解决非刚体点匹配问题中的点对应关系提供了一种思路和方法，本章就这个问题展开讨论。

5.1　形状上下文

形状上下文是一种比较有效的形状描述子，多用于目标识别和图像配准。它采用一种基于形状轮廓的特征描述方法，在对数极坐标系下利用直方图描述形状特征，能够很好地反映轮廓上采样点的分布情况。采用对数距离分割可以使形状上下文描述子对邻近的采样点比远离点更敏感，能强化局部特征。轮廓不同点处的形状上下文是不同的，但相似轮廓的对应点处趋于有相似的形状上下文。具体的做法是，以要描述的点为中心作一组同心圆，这些圆的半径分别为 $\frac{1}{8}$，$\frac{1}{4}$，$\frac{1}{2}$，1 和 2，这样可以形成 5 个环形区域，分别为 $0\sim\frac{1}{8}$，$\frac{1}{8}\sim\frac{1}{4}$，$\frac{1}{4}\sim\frac{1}{2}$，$\frac{1}{2}\sim1$ 和 1~2。再对圆周进行 12 等分的分割，分别为 0°~30°，30°~60°，60°~90°，…，330°~360°。这样在整个以此点为中心、半径为 2 的圆中就分成了 60 个小的区域，如图 5.1 所示。

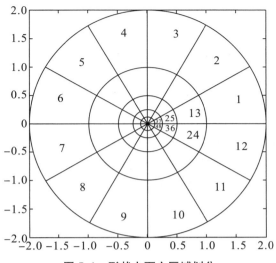

图 5.1 形状上下文区域划分

对周围的点落在每个小区域的个数进行计数就形成了这个点的形状上下文描述子。需要注意的是，圆的半径最大为 2，这是个归一化半径，一般是用实际的距离除以距离均值为其对应的归一化值，对于超过 2 的点不计在形状上下文描述子中，这样带来的问题就是点特征信息的缺失。为了解决这个问题，可以在归一化时对作为分母的距离均值乘一个系数，它的作用是可以将更多的点计入统计范围，但是这样做会带来另一个问题，就是所有的点都会向中心部分压缩，如果控制不好反而会降低形状上下文的区分度，不利于非刚体点匹配的结果。对整个圆周进行 12 等分也存在同样的问题。增加等分数表面上看有利于提高描述子的功能，实际上这个数字过大会弱化形状上下文的描述功能，反而不利于匹配；况且过大的等分数除了弱化形状上下文的描述功能外，也会带来运算量的增加，这样不利于实时处理。在利用形状上下文进行非刚体点匹配时也存在优化算法的选择问题和空间变换问题，这两个问题是互相影响的。过于"精确"的空间变换会把一开始错误的对应点映射过去，这样会给下一步迭代设置了一个"圈套"，带来的结果就是无法跳出最初的错误的对应关系，不能够收敛于全局最优点。一般采用的办法是，用一个参数控制空间变换时的"精确度"，使空间变换过程有一定的松散度，这样就有机会跳出局部最优点，从而得到全局最优点。下面将用具体的数据进行匹配实验，以说明利用形状上下文进行非刚体点匹配的过程。

5.2　利用形状上下文进行非刚体点匹配的过程

选取两个需要配准的点集，如图 5.2 所示，每个点集都由 5 个点组成。右上角的点集需要通过空间变换匹配到左下角的点集上去，两个点集的点对应关系如图 5.2 所示。这个点对应关系是人为设定的，所以是"预知"的。这里需要讨论的是，计算机如何通过形状上下文的方法准确地把右上角的点集匹配到左下角那个点集上去。

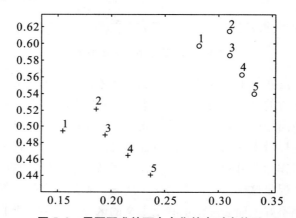

图 5.2　需要配准的两个点集的点对应关系

右上角的点集可以称为点集 1，其坐标分别为（0.2816, 0.5977），（0.3103, 0.6149），（0.3103, 0.5862），（0.3218, 0.5632）和（0.3333, 0.5402）。左下角的点集可称为点集 2，其坐标分别为（0.1546, 0.4944），（0.1859, 0.5219），（0.1944, 0.4894），（0.2157, 0.4657）和（0.2369, 0.4412）。计算点集 1 中每个点的形状上下文。先求点与点之间的距离矩阵，如式（5.1）：

$$
\boldsymbol{r} = \begin{bmatrix}
0 & 0.0335 & 0.0309 & 0.0530 & 0.0773 \\
0.0335 & 0 & 0.0287 & 0.0530 & 0.0782 \\
0.0309 & 0.0287 & 0 & 0.0257 & 0.0514 \\
0.0530 & 0.0530 & 0.0257 & 0 & 0.0257 \\
0.0773 & 0.0782 & 0.0514 & 0.0257 & 0
\end{bmatrix} \tag{5.1}
$$

这是一个对角线上的元素为 0 的矩阵，说明每个点与自身的距离为 0。若某个元素 $r_{ij} = d$，说明第 i 个点和第 j 个点之间的距离为 d。所以距离矩阵是一个对称阵。再计算点与点之间的角度矩阵，得式（5.2）：

$$
\boldsymbol{\theta} = \begin{pmatrix}
0 & 0.5404 & -0.3805 & -0.7086 & -0.8380 \\
-2.6012 & 0 & -1.5708 & -1.3521 & -1.2723 \\
2.7611 & 1.5708 & 0 & -1.1071 & -1.1071 \\
2.4330 & 1.7895 & 2.0344 & 0 & -1.1071 \\
2.3036 & 1.8693 & 2.0344 & 2.0344 & 0
\end{pmatrix} \tag{5.2}
$$

上述角度矩阵中的元素单位为弧度，其对角线上的元素也为 0，这是因为在计算角度时定义一个点与自身的角度值为 0，需要对距离进行归一化处理。在这里，以点集 1 距离的均值（0.0366）为分母对式（5.1）的距离矩阵进行归一化处理，可得式（5.3）：

$$
\boldsymbol{r}_n = \begin{pmatrix}
0 & 0.9157 & 0.8457 & 1.4478 & 2.1127 \\
0.9157 & 0 & 0.7852 & 1.4478 & 2.1359 \\
0.8457 & 0.7852 & 0 & 0.7023 & 1.4046 \\
1.4478 & 1.4478 & 0.7023 & 0 & 0.7023 \\
2.1127 & 2.1359 & 1.4046 & 0.7023 & 0
\end{pmatrix} \tag{5.3}
$$

由式（5.3）可以看到，归一化距离超过 2 的元素有 4 个，对应着 1 点与 5 点（5 点与 1 点）和 2 点与 5 点（5 点与 2 点）之间的距离，分别为 2.1127 和 2.1359。这 4 个距离值在计算形状上下文时不计入。如果按形状上下文的定义，在径向距离上按对数进行分割，那么如果两个点之间的归一化距离在 $0 \sim \frac{1}{8}$ 之间，在距离矩阵中就记为 5，在 $\frac{1}{8} \sim \frac{1}{4}$ 之间就记为 4，在 $\frac{1}{4} \sim \frac{1}{2}$ 之间就记为 3，在 $\frac{1}{2} \sim 1$ 之间就记为 2，在 $1 \sim 2$ 之间就记为 1，通过这样处理的距离矩阵如式（5.4）：

$$
\boldsymbol{r}_q = \begin{pmatrix}
5 & 2 & 2 & 1 & 0 \\
2 & 5 & 2 & 1 & 0 \\
2 & 2 & 5 & 2 & 1 \\
1 & 1 & 2 & 5 & 2 \\
0 & 0 & 1 & 2 & 5
\end{pmatrix} \tag{5.4}
$$

式（5.4）中的元素的值与图 5.1 中的区域划分相对应。$r_{q12} = 2$ 说明图 5.2 右上角的点集 1 中第 1 点与第 2 点之间的归一化距离 0.9175 落于图 5.1 中从外向里数的第 2 个环形内，也即半径为 $\frac{1}{2}$ 和 1 的两个圆之间，其余以此类推，矩阵中对角线上都为 5，这代表每一个点与自身的距离都为 0，这个值正

好落在 $0\sim\frac{1}{8}$ 这个环形内。如果按形状上下文的定义将一周分成 12 个等分的扇形，那么角度矩阵可以进一步表示为式（5.5）：

$$\boldsymbol{\theta}_q = \begin{pmatrix} 1 & 2 & 12 & 11 & 11 \\ 8 & 1 & 10 & 10 & 10 \\ 6 & 4 & 1 & 10 & 10 \\ 5 & 4 & 4 & 1 & 10 \\ 5 & 4 & 4 & 4 & 1 \end{pmatrix} \qquad (5.5)$$

式（5.5）中的元素的值与图 5.1 中的区域划分相对应。$\boldsymbol{\theta}_{q_{13}}=12$ 说明图 5.2 右上角的点集 1 中第 1 点与第 3 点之间的角度值落于图 5.1 中的第 12 个扇形区域内，即 330°～360°之间，同理可得第 1 点与第 4 点之间的角度值落于图 5.1 中的第 11 个扇形区域内，即 300°～330°之间。

综合式（5.4）和式（5.5）可得点集 1 的形状上下文矩阵 $\boldsymbol{S}_1$，此矩阵由 5 行 60 列组成。5 行对应 5 个点，60 列对应图 5.1 中 60 个小的区域块。在计算点集中某个点的形状上下文时，相当于将这个点和图 5.1 的中心点对齐，观察其余的点落在周围 60 个小区域中的数目。对图 5.2 中的点集 1 进行这样的操作可知，$\boldsymbol{S}_1(1,11)=1$，$\boldsymbol{S}_1(1,14)=1$，$\boldsymbol{S}_1(1,24)=1$ 和 $\boldsymbol{S}_1(1,49)=1$，其余全为 0。第一个"1"对应的是第 4 点，由图 5.2 可知，点集 1 的第 4 点位于第 1 点的右下方，正好在图 5.1 所示的第 11 个小区域内；第二个"1"对应的是第 2 点，由图 5.2 可知，点集 1 的第 2 点位于第 1 点的右上方，正好在图 5.1 所示的第 14 个小区域内；第三个"1"对应的是第 3 点，由图 5.2 可知，点集 1 的第 3 点位于第 1 点的右下方，正好在图 5.1 所示的第 24 个小区域内；第四个"1"对应的是第 1 点，因为它的距离为 0，角度也为 0，在形状上下文的定义中把这种情况划归在图 5.1 所示的第 49 个小区域内。由于第 5 点和第 1 点的归一化距离超过了 2，所以在计算第 1 点的形状上下文时，第 5 点不计在内。也就是说，点集 1 的归一化形状上下文矩阵的第一行只有 4 个值不为 0，其余全为 0。在实际操作时，应用稀疏矩阵来表示。同样的方法可得其余 4 个点的情况。$\boldsymbol{S}_1(2,10)=1$，$\boldsymbol{S}_1(2,20)=1$，$\boldsymbol{S}_1(2,22)=1$，$\boldsymbol{S}_1(2,49)=1$，$\boldsymbol{S}_1(3,10)=1$，$\boldsymbol{S}_1(3,16)=1$，$\boldsymbol{S}_1(3,18)=1$，$\boldsymbol{S}_1(3,22)=1$，$\boldsymbol{S}_1(3,49)=1$，$\boldsymbol{S}_1(4,4)=1$，$\boldsymbol{S}_1(4,5)=1$，$\boldsymbol{S}_1(4,16)=1$，$\boldsymbol{S}_1(4,22)=1$，$\boldsymbol{S}_1(4,49)=1$，$\boldsymbol{S}_1(5,4)=1$，$\boldsymbol{S}_1(5,16)=1$，$\boldsymbol{S}_1(5,49)=1$。

计算点集 2 中每个点的形状上下文，先求点与点之间的距离矩阵和角度矩阵，分别如式（5.6）和式（5.7）：

$$\boldsymbol{r} = \begin{pmatrix} 0 & 0.0417 & 0.0401 & 0.0676 & 0.0980 \\ 0.0417 & 0 & 0.0336 & 0.0637 & 0.0955 \\ 0.0401 & 0.0336 & 0 & 0.0320 & 0.0643 \\ 0.0676 & 0.0637 & 0.0320 & 0 & 0.0324 \\ 0.0980 & 0.0955 & 0.0643 & 0.0324 & 0 \end{pmatrix} \quad (5.6)$$

$$\boldsymbol{\theta} = \begin{pmatrix} 0 & 0.7214 & -0.1251 & -0.4395 & -0.5741 \\ -2.4202 & 0 & -1.3163 & -1.0832 & -1.0074 \\ 3.0165 & 1.8253 & 0 & -0.8377 & -0.8479 \\ 2.7021 & 2.0584 & 2.3039 & 0 & -0.8580 \\ 2.5675 & 2.1342 & 2.2937 & 2.2836 & 0 \end{pmatrix} \quad (5.7)$$

用点集 2 的距离均值 0.0455 作为分母对距离均值进行归一化处理，可得如下归一化距离矩阵：

$$\boldsymbol{r}_n = \begin{pmatrix} 0 & 0.9160 & 0.8806 & 1.4848 & 2.1541 \\ 0.9160 & 0 & 0.7386 & 1.3999 & 2.0991 \\ 0.8806 & 0.7386 & 0 & 0.7022 & 1.4134 \\ 1.4848 & 1.3999 & 0.7022 & 0 & 0.7112 \\ 2.1541 & 2.0991 & 1.4134 & 0.7112 & 0 \end{pmatrix} \quad (5.8)$$

由式（5.8）可以看到，归一化距离超过 2 的元素有 4 个，对应着 1 点与 5 点（5 点与 1 点）和 2 点与 5 点（5 点与 2 点）之间的距离，分别为 2.1541 和 2.0991。这 4 个距离值在计算形状上下文时不计入。在径向距离上按对数分割，可得式（5.9）：

$$\boldsymbol{r}_q = \begin{pmatrix} 5 & 2 & 2 & 1 & 0 \\ 2 & 5 & 2 & 1 & 0 \\ 2 & 2 & 5 & 2 & 1 \\ 1 & 1 & 2 & 5 & 2 \\ 0 & 0 & 1 & 2 & 5 \end{pmatrix} \quad (5.9)$$

可以看到，尽管对应于点集 1 的归一化距离矩阵式（5.3）与对应于点集 2 的归一化距离矩阵式（5.8）并不相等，但是它们最后得到的距离矩阵式（5.4）和式（5.9）却是相同的，这种"粗放"的处理方式是形状上下文的特点之一。同样的，可以得到角度矩阵：

$$\boldsymbol{\theta}_q = \begin{pmatrix} 1 & 2 & 12 & 12 & 11 \\ 8 & 1 & 10 & 10 & 11 \\ 6 & 4 & 1 & 11 & 11 \\ 6 & 4 & 5 & 1 & 11 \\ 5 & 5 & 5 & 5 & 1 \end{pmatrix} \tag{5.10}$$

可以用相同的方法求得图 5.2 中左下角的点集 2 的形状上下文，其值如下：$S_2(1,12)=1$，$S_2(1,14)=1$，$S_2(1,24)=1$，$S_2(1,49)=1$，$S_2(2,10)=1$，$S_2(2,20)=1$，$S_2(2,22)=1$，$S_2(2,49)=1$，$S_2(3,11)=1$，$S_2(3,16)=1$，$S_2(3,18)=1$，$S_2(3,23)=1$，$S_2(3,49)=1$，$S_2(4,4)=1$，$S_2(4,6)=1$，$S_2(4,17)=1$，$S_2(4,23)=1$，$S_2(4,49)=1$，$S_2(5,5)=1$，$S_2(5,17)=1$，$S_2(5,49)=1$。可以看到，第 5 行只有 3 个值不为 0，这是因为对于第 5 点来说，它与第 1 点和第 2 点的距离都超过了 2，所以只剩下 3 个点参与形状上下文计算。

在利用形状上下文计算对两个点集之间的点与点的对应关系做判断时，需要先计算两个点之间的匹配价值函数[30]，它代表两个点在形状上下文这个测度下的相似程度，其定义如下：

$$C_{ij} = C(p_i, q_j) = \frac{1}{2} \sum_{k=1}^{K} \frac{[h_i(k) - h_j(k)]^2}{h_i(k) + h_j(k)} \tag{5.11}$$

式中，$h_i(k)$ 和 $h_j(k)$ 表示第 k 个小区域中的归一化点数，其实就是点数占总点数的比例；K 值的确定在图 5.1 中为 60。通过计算可得价值函数矩阵为

$$\boldsymbol{C} = \begin{pmatrix} 0.2500 & 0.7500 & 0.5556 & 0.7778 & 0.7143 \\ 0.7500 & 0 & 0.7778 & 0.7778 & 0.7143 \\ 0.7778 & 0.3333 & 0.4000 & 0.8000 & 0.7500 \\ 0.7778 & 0.5556 & 0.6000 & 0.6000 & 0.5000 \\ 0.7143 & 0.7143 & 0.5000 & 0.5000 & 0.6667 \end{pmatrix} \tag{5.12}$$

寻找全局最优解其实就是对指派问题求解，这里可以用匈牙利算法，可得

$$cvec = hungarian(\boldsymbol{C}) = 1 \quad 2 \quad 3 \quad 5 \quad 4 \tag{5.13}$$

式（5.13）说明，图 5.2 中左下角点集 2 中的第一个点与右上角点集 1 中的第一个点相对应，点集 2 中的第二个点与点集 1 中的第二个点相对应，点集 2 中的第三个点与点集 1 中的第三个点相对应，点集 2 中的第四个点与点集 1 中的第五个点相对应，点集 2 中的第五个点与点集 1 中的第四个点相对应。这样匹配下来的整个匹配值为 1.65（即：0.25＋0＋0.4＋0.5＋0.5＝1.65）。第一次迭代的点对应关系如图 5.3 所示。

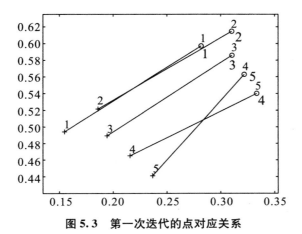

图 5.3 第一次迭代的点对应关系

图 5.3 中每个点的右上角小字标注是原始点的顺序标号，两个点集中的原始标注是顺序对应的，是人为的预先设定。点集 1 中每个点右下角的大字标注是由形状上下文通过匈牙利算法确定的对应关系。由图 5.3 可以看出，前 3 个点的对应关系都与原始标注相同，但是第 4、5 两个点的对应关系进行了交换。这说明形状上下文这种测度有时也会出现误匹配的情况，这就需要做下一步的处理。

在两个点集之间的空间变换，选用薄板样条插值法，这里的变形只能采用正则化的方法来避免过于"精确"的拟合，不然无法进行下一次的迭代，也就不能跳出局部最优点进而收敛到全局最优点。在此处，如果不用正则化的方法将无法从错误的第 4 点和第 5 点的匹配中"解脱"出来。正则化的薄板样条插值计算见式（5.14）：

$$H[f] = \sum_{i=1}^{n} (v_i - f(x_i, y_i))^2 + \lambda I_f \tag{5.14}$$

式中，λ 是正则化系数，当它为 0 时就是精确插值。λ 的大小控制着薄板样条插值的光滑程度。在这里，设 λ 的大小等于点集的距离均值的平方，第一次迭代时即为 0.0013。薄板样条插值的计算如下：

$$\boldsymbol{K} = 0.01 \times \begin{pmatrix} 0 & -0.76 & -0.67 & -3.06 & -1.65 \\ -0.76 & 0 & -0.59 & -3.11 & -1.65 \\ -0.67 & -0.59 & 0 & -1.57 & -0.48 \\ -3.06 & -3.11 & -1.57 & 0 & -0.48 \\ -1.65 & -1.65 & -0.48 & -0.48 & 0 \end{pmatrix} \tag{5.15}$$

$$L^{-1} = \begin{pmatrix} 13.2 & 21.2 & -52.2 & 15.3 & 2.5 & 15.1 & -30.3 & -8.7 \\ 21.2 & 33.9 & -83.6 & 24.5 & 4 & -17.9 & 21.1 & 20.1 \\ -52.2 & -83.6 & 271.1 & 4.7 & -140 & -0.8 & 3.5 & -2 \\ 15.3 & 24.5 & 4.7 & 82.8 & -127.3 & 6 & 5.5 & -11.5 \\ 2.5 & 4 & -140 & -127.3 & 260.8 & -1.4 & 0.2 & 1.3 \\ 15.1 & -17.9 & -0.8 & 6 & -1.4 & -6.1 & 5.9 & 7.5 \\ -30.3 & 21.1 & 3.5 & 5.5 & 0.2 & 5.9 & -14.6 & -2.4 \\ -8.7 & 20.1 & -2 & -11.5 & 1.3 & 7.5 & -2.4 & -11.7 \end{pmatrix}$$

$$(5.16)$$

可得

$$\begin{pmatrix} W \\ a \end{pmatrix} = \begin{pmatrix} -0.2782 & 0.2721 \\ -0.4365 & 0.4354 \\ -3.0712 & 3.6597 \\ -4.4625 & 5.0475 \\ 8.2429 & -9.4147 \\ -0.1816 & -0.0954 \\ 1.1536 & 0.3935 \\ -0.0212 & 0.8458 \end{pmatrix}$$

$$(5.17)$$

由此可知，点集 1 经过正则化的薄板样条插值计算后的结果为

$$Z = \begin{pmatrix} 0.1550 & 0.1865 & 0.1985 & 0.2259 & 0.2217 \\ 0.4940 & 0.5214 & 0.4845 & 0.4538 & 0.4589 \end{pmatrix}$$

$$(5.18)$$

图 5.4 表示了第一次迭代正则化薄板样条插值后的空间变换。

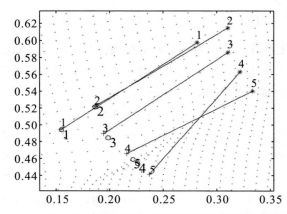

图 5.4　第一次迭代正则化薄板样条插值后的空间变换

图 5.4 的右上角部分就是原来的点集 1，左下角用 "+" 表示的点就是原来的点集 2，用 "○" 表示的点就是通过正则化薄板样条插值后由点集 1 映射过来的点。可以看到，第 1 点和第 2 点基本精确映射到了希望的点上；第 3 点有一定距离，映射点靠右下偏移；第 4 点应该映射到点集 2 的第 5 点上去，而实际的位置是靠左上偏移；第 5 点应该映射到点集 2 的第 4 点上，而实际的映射位置靠右下偏移。为了更清楚地观察到这一点，将局部放大的效果示于图 5.5。

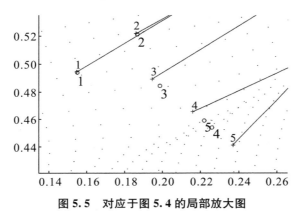

图 5.5　对应于图 5.4 的局部放大图

将在前面映射的基础上形成的点集 Z 作为第二次迭代的基准点集 R，此点集和原始点集 2 进行基于形状上下文的匹配，其点与点的距离矩阵如式（5.19）：

$$r = \begin{pmatrix} 0 & 0.0417 & 0.0445 & 0.0815 & 0.0754 \\ 0.0417 & 0 & 0.0387 & 0.0782 & 0.0717 \\ 0.0445 & 0.0387 & 0 & 0.0412 & 0.0346 \\ 0.0815 & 0.0782 & 0.0412 & 0 & 0.0066 \\ 0.0754 & 0.0717 & 0.0346 & 0.0066 & 0 \end{pmatrix} \quad (5.19)$$

其点与点之间的角度矩阵如式（5.20）：

$$\theta = \begin{pmatrix} 0 & 0.7140 & -0.2158 & -0.5164 & -0.4846 \\ -2.4276 & 0 & -1.2562 & -1.0430 & -1.0571 \\ 2.9258 & 1.8854 & 0 & -0.8425 & -0.8337 \\ 2.6252 & 2.0986 & 2.2991 & 0 & 2.2523 \\ 2.6570 & 2.0845 & 2.3079 & -0.8892 & 0 \end{pmatrix} \quad (5.20)$$

此点集的距离平均值为 0.0411，用此值作为分母对式（5.19）进行归一化处理，可得归一化距离矩阵，如式（5.21）：

$$r_n = \begin{pmatrix} 0 & 1.0138 & 1.0828 & 1.9820 & 1.8339 \\ 1.0138 & 0 & 0.9420 & 1.9011 & 1.7423 \\ 1.0828 & 0.9420 & 0 & 1.0005 & 0.8407 \\ 1.9820 & 1.9011 & 1.0005 & 0 & 0.1600 \\ 1.8339 & 1.7432 & 0.8407 & 0.1600 & 0 \end{pmatrix} \tag{5.21}$$

可以看到，所有的归一化距离值都小于 2，也就是说，在此次迭代的基准点集中的点在计算其形状上下文时没有"局外点"，全部计算在内。

径向距离按对数分割可得最后的距离矩阵，如式（5.22）：

$$r_q = \begin{pmatrix} 5 & 1 & 1 & 1 & 1 \\ 1 & 5 & 2 & 1 & 1 \\ 1 & 2 & 5 & 1 & 2 \\ 1 & 1 & 1 & 5 & 4 \\ 1 & 1 & 2 & 4 & 5 \end{pmatrix} \tag{5.22}$$

将式（5.20）中点与点之间的角度值划分到对应的 12 个扇形区域里，可得式（5.23）：

$$\theta_q = \begin{pmatrix} 1 & 2 & 12 & 12 & 12 \\ 8 & 1 & 10 & 11 & 10 \\ 6 & 4 & 1 & 11 & 11 \\ 6 & 5 & 5 & 1 & 5 \\ 6 & 4 & 5 & 11 & 1 \end{pmatrix} \tag{5.23}$$

结合式（5.22）和式（5.23）可得基准点集的形状上下文矩阵中的不为 0 的元素：$S_1(1,2)=1$，$S_1(1,12)=3$，$S_1(1,49)=1$，$S_1(2,8)=1$，$S_1(2,10)=1$，$S_1(2,11)=1$，$S_1(2,22)=1$，$S_1(2,49)=1$，$S_1(3,6)=1$，$S_1(3,11)=1$，$S_1(3,16)=1$，$S_1(3,23)=1$，$S_1(3,49)=1$，$S_1(4,5)=2$，$S_1(4,6)=1$，$S_1(4,41)=1$，$S_1(4,49)=1$，$S_1(5,4)=1$，$S_1(5,6)=1$，$S_1(5,17)=1$，$S_1(5,47)=1$，$S_1(5,49)=1$。由于目标点集仍然为点集 2，没有发生变化，此点集的形状上下文矩阵没有改变。通过计算可得此次迭代得到的价值函数矩阵为

$$C = \begin{pmatrix} 0.4248 & 0.7778 & 0.8000 & 0.8000 & 0.7500 \\ 0.7778 & 0.3333 & 0.6000 & 0.8000 & 0.7500 \\ 0.7778 & 0.7778 & 0.2000 & 0.4000 & 0.7500 \\ 0.7778 & 0.7778 & 0.8000 & 0.6000 & 0.3864 \\ 0.7778 & 0.7778 & 0.8000 & 0.2000 & 0.5000 \end{pmatrix} \tag{5.24}$$

通过匈牙利算法求得最优解为

$$cvec = hungarian(\boldsymbol{C}) = 1 \quad 2 \quad 3 \quad 5 \quad 4 \tag{5.25}$$

将式（5.25）和式（5.13）进行对比可知，所得到的点对应关系没有变化，这样匹配下来的整个匹配值为 1.5445（即：0.4248＋0.3333＋0.2＋0.2＋0.3864＝1.5445）。第二次迭代的点对应关系如图 5.6 所示。

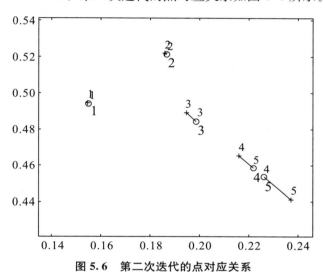

图 5.6　第二次迭代的点对应关系

尽管得到的对应关系和第一次相比基本没有变化，但是下一次（第三次）迭代的正则化系数变大了，为 0.0017（即本次基准矩阵距离平均值 0.0411 的平方），这样带来的结果就是对应的正则化薄板样条插值将更加"宽松"，如此一来就有更大的机会跳出局部最优点。本次得到的薄板样条插值的映射参数如式（5.26）：

$$\begin{bmatrix} \boldsymbol{W} \\ \boldsymbol{a} \end{bmatrix} = \begin{bmatrix} -0.2984 & 0.3047 \\ -0.4774 & 0.4875 \\ -2.4875 & 2.9780 \\ -4.0092 & 4.5318 \\ 7.2725 & -8.3019 \\ -0.1718 & -0.1067 \\ 1.1643 & 0.3813 \\ -0.0400 & 0.8675 \end{bmatrix} \tag{5.26}$$

将所示参数代入薄板样条插值公式中，可得点集 1 经过正则化的薄板样条插值计算后的结果：

$$\mathbf{Z} = \begin{pmatrix} 0.1551 & 0.1867 & 0.1986 & 0.2246 & 0.2225 \\ 0.4939 & 0.5211 & 0.4844 & 0.4552 & 0.4580 \end{pmatrix} \tag{5.27}$$

图 5.7 表示了第二次迭代正则化薄板样条插值后的空间变换图。与图 5.4 相比可以看到，第 1、2、3 点映射后位置变化不大，但是按对应关系，点集 1 的第 4 点本应该向点集 2 的第 5 点靠近，但实际上与第一次迭代相比反而偏移得更远；点集 1 的第 5 点也存在类似情况。

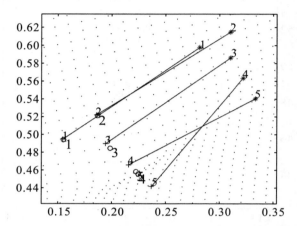

图 5.7　第二次迭代正则化薄板样条插值后的空间变换

将此次得到的点集 $\mathbf{Z}$ 作为新的基准点集进行第三次迭代运算，其点与点的距离矩阵如式（5.28）：

$$\mathbf{r} = \begin{pmatrix} 0 & 0.0417 & 0.0445 & 0.0795 & 0.0764 \\ 0.0417 & 0 & 0.0386 & 0.0760 & 0.0726 \\ 0.0445 & 0.0387 & 0 & 0.0391 & 0.0356 \\ 0.0795 & 0.0760 & 0.0391 & 0 & 0.0035 \\ 0.0764 & 0.0726 & 0.0356 & 0.0035 & 0 \end{pmatrix} \tag{5.28}$$

其点与点之间的角度矩阵如式（5.29）：

$$\boldsymbol{\theta} = \begin{pmatrix} 0 & 0.7111 & -0.2157 & -0.5077 & -0.4893 \\ -2.4305 & 0 & -1.2585 & -1.0488 & -1.0546 \\ 2.9259 & 1.8831 & 0 & -0.8417 & -0.8334 \\ 2.6339 & 2.0928 & 2.2999 & 0 & 2.2143 \\ 2.6523 & 2.0870 & 2.3082 & -0.9272 & 0 \end{pmatrix} \tag{5.29}$$

此点集的距离平均值为 0.0406，用此值作为分母对式（5.28）进行归一化处理，可得归一化距离矩阵，如式（5.30）：

$$
\boldsymbol{r}_n =
\begin{pmatrix}
0 & 1.0273 & 1.0961 & 1.9590 & 1.8814 \\
1.0273 & 0 & 0.9510 & 1.8722 & 1.7876 \\
1.0960 & 0.9510 & 0 & 0.9626 & 0.8777 \\
1.9590 & 1.8722 & 0.9626 & 0 & 0.0853 \\
1.8814 & 1.7876 & 0.8777 & 0.0853 & 0
\end{pmatrix}
\tag{5.30}
$$

可以看到，所有的归一化距离值都小于 2，说明此次基准点集的点与点之间的距离分布比较集中，分散性较小，也就是说，在此次迭代中基准点集中的点在计算其形状上下文时没有"局外点"存在，全部计算在内。

径向距离按对数分割，可得最后的距离矩阵，如式（5.31）：

$$
\boldsymbol{r}_q =
\begin{pmatrix}
5 & 1 & 1 & 1 & 1 \\
1 & 5 & 2 & 1 & 1 \\
1 & 2 & 5 & 2 & 2 \\
1 & 1 & 2 & 5 & 5 \\
1 & 1 & 2 & 5 & 5
\end{pmatrix}
\tag{5.31}
$$

将式（5.29）中的点与点之间的角度值划分到对应的 12 个扇形区域里，可得式（5.32）：

$$
\boldsymbol{\theta}_q =
\begin{pmatrix}
1 & 2 & 12 & 12 & 12 \\
8 & 1 & 10 & 10 & 10 \\
6 & 4 & 1 & 11 & 11 \\
6 & 4 & 5 & 1 & 5 \\
6 & 4 & 5 & 11 & 1
\end{pmatrix}
\tag{5.32}
$$

由式（5.11）可写出价值函数矩阵为

$$
\boldsymbol{C} =
\begin{pmatrix}
0.4248 & 0.7778 & 0.8000 & 0.8000 & 0.7500 \\
0.7778 & 0.2479 & 0.8000 & 0.8000 & 0.7500 \\
0.7778 & 0.7778 & 0.3333 & 0.3333 & 0.7500 \\
0.7778 & 0.7778 & 0.8000 & 0.2000 & 0.5000 \\
0.7778 & 0.7778 & 0.8000 & 0.2000 & 0.5000
\end{pmatrix}
\tag{5.33}
$$

通过匈牙利算法，求得最优解为

$$
cvec = hungarian(\boldsymbol{C}) = 1 \quad 2 \quad 3 \quad 4 \quad 5
\tag{5.34}
$$

从此处可以看到，得到的结果和预先设定的匹配顺序是一致的，这个过程的中间经过了两次错误匹配，这两次错误匹配的结果都为 1、2、3、5、4。本程序中设计的最大迭代次数为 5，后面两次（即第四、五次）迭代得到的价值函数矩阵都为式（5.35）。从价值函数矩阵中可以清楚地看到最优化的结果必为式（5.35）中对角线上的元素之和，其值为 0。对式（5.35）应用匈牙利算法进行求解，可得和式（5.34）一样的结果。式（5.34）的意义是当其第 i 个元素等于 j 时，即说明点集 2 中的第 i 个点在点集 1 中的最佳匹配点是第 j 个点。

$$\boldsymbol{C} = \begin{pmatrix} 0 & 0.7500 & 0.7778 & 0.7778 & 0.7143 \\ 0.7500 & 0 & 0.7888 & 0.7778 & 0.7143 \\ 0.7778 & 0.7778 & 0 & 0.6000 & 0.7500 \\ 0.7778 & 0.7778 & 0.6000 & 0 & 0.5000 \\ 0.7143 & 0.7143 & 0.7500 & 0.5000 & 0 \end{pmatrix} \tag{5.35}$$

本次得到的薄板样条插值的映射参数如式（5.36）：

$$\begin{pmatrix} \boldsymbol{W} \\ \boldsymbol{a} \end{pmatrix} = \begin{pmatrix} -0.0013 & -0.0393 \\ -0.0021 & -0.0629 \\ -0.0075 & 0.1100 \\ 0.0251 & 0.0827 \\ -0.0142 & -0.0905 \\ -0.0264 & -0.2748 \\ 1.2653 & 0.2644 \\ -0.2934 & 1.1606 \end{pmatrix} \tag{5.36}$$

将所示参数代入薄板样条插值公式中，可得点集 1 经过正则化的薄板样条插值计算后的结果：

$$\boldsymbol{Z} = \begin{pmatrix} 0.1546 & 0.1859 & 0.1944 & 0.2157 & 0.2369 \\ 0.4945 & 0.5220 & 0.4892 & 0.4655 & 0.4413 \end{pmatrix} \tag{5.37}$$

第三、四、五次迭代得到的正则化薄板样条插值后的空间变换都是一样的，如图 5.8 所示。

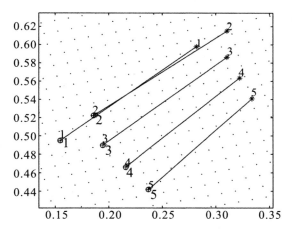

图 5.8　第三次以后迭代正则化薄板样条插值后的空间变换

图 5.8 中的连线表示对应关系，图中密布的小点是为了说明点集 1 到点集 2 的空间变换映射关系。由图 5.8 可知，由 "∗" 号代表的点集 1 的点都准确地映射到了由 "⊕" 代表的点集 2 的对应点上。图 5.9 为两个点集的最后匹配效果图。

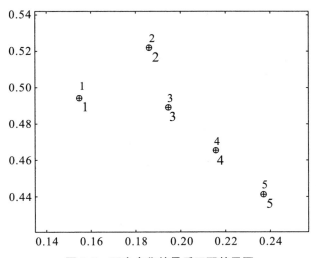

图 5.9　两个点集的最后匹配效果图

5.3 形状上下文中的参数设置对非刚体点匹配的影响分析

由形状上下文的定义可知，在径向距离上按对数分割为 5 个环形区域，分别为 $0\sim\frac{1}{8}$，$\frac{1}{8}\sim\frac{1}{4}$，$\frac{1}{4}\sim\frac{1}{2}$，$\frac{1}{2}\sim1$ 和 $1\sim2$。再将圆周平均分成 12 个扇形区域，每个扇形弧度为 $30°$，如图 5.1 所示。那么，这样的分割方式是否是最好的呢？以人眼观察图 5.2 可以看到，点对应关系是从 1 到 5 顺序匹配的，但是用按形状上下文来匹配的计算机进行点对应关系的确定，前两轮的匹配都是错误的，总是将第 4、5 点的对应关系搞错。通过分析可知，这个问题的存在其实与形状上下文中区域的分割方式是有关的。本节将通过改变径向分割点的位置和改变一周内分割出的扇形个数来讨论它们的变化对非刚体点匹配结果的影响。

5.3.1 径向分割点位置的影响分析

首先将径向分割点由原来的按对数分割变成均匀分割，即 5 个区域分别为 $0\sim\frac{2}{5}$，$\frac{2}{5}\sim\frac{4}{5}$，$\frac{4}{5}\sim\frac{6}{5}$，$\frac{6}{5}\sim\frac{8}{5}$ 和 $\frac{8}{5}\sim2$。第一次迭代时可求得点集 1 的最后的距离矩阵，如式（5.38）：

$$\boldsymbol{r}_q = \begin{pmatrix} 5 & 3 & 3 & 2 & 0 \\ 3 & 5 & 4 & 2 & 0 \\ 3 & 4 & 5 & 4 & 2 \\ 2 & 2 & 4 & 5 & 4 \\ 0 & 0 & 2 & 4 & 5 \end{pmatrix} \tag{5.38}$$

由式（5.38）可知，由于径向分割点位置的改变，其和式（5.4）相比完全不同。一周内还保持分割为 12 个区域不变，所以角度矩阵不变。

同样可得点集 2 的最后的距离矩阵，其值和式（5.38）相同，结合角度矩阵最终可以得到两个点集各自的形状上下文矩阵，进而可以计算出二者的价值函数矩阵，如式（5.39）：

$$C = \begin{pmatrix} 0.2500 & 0.7500 & 0.5556 & 0.7778 & 0.7143 \\ 0.7500 & 0 & 0.7888 & 0.7778 & 0.7143 \\ 0.7778 & 0.3333 & 0.4000 & 0.8000 & 0.7500 \\ 0.7778 & 0.5556 & 0.6000 & 0.6000 & 0.5000 \\ 0.7143 & 0.7143 & 0.5000 & 0.5000 & 0.6667 \end{pmatrix} \qquad (5.39)$$

对式（5.39）利用匈牙利算法求解，可得式（5.40）：

$$cvec = hungarian(C) = 1 \quad 2 \quad 3 \quad 5 \quad 4 \qquad (5.40)$$

用薄板样条插值算法可得点集 1 变换后的坐标值，以此为基准点进行第二次迭代运算，利用本节的径向距离均匀分割算法可得式（5.41）所示的基准点集的最后的距离矩阵：

$$r_q = \begin{pmatrix} 5 & 3 & 3 & 1 & 1 \\ 3 & 5 & 3 & 1 & 1 \\ 3 & 3 & 5 & 3 & 3 \\ 1 & 1 & 3 & 5 & 5 \\ 1 & 1 & 3 & 5 & 5 \end{pmatrix} \qquad (5.41)$$

而点集 2 的最后的距离矩阵保持不变，仍然和式（5.38）相同。对于角度矩阵，两个点集都保持和原来径向距离按对数分割时一样，因为径向分割点位置的改变不影响角度矩阵的形成，这样可得基准点集和点集 2 的价值函数矩阵，如式（5.42）：

$$C = \begin{pmatrix} 0.3333 & 0.7778 & 0.8000 & 0.8000 & 0.7500 \\ 0.7778 & 0.5556 & 0.8000 & 0.8000 & 0.7500 \\ 0.7778 & 0.7778 & 0.6000 & 0.8000 & 0.7500 \\ 0.7778 & 0.7778 & 0.8000 & 0.8000 & 0.7500 \\ 0.7778 & 0.7778 & 0.8000 & 0.8000 & 0.7500 \end{pmatrix} \qquad (5.42)$$

在式（5.42）的基础上利用匈牙利算法求解可得式（5.43）：

$$cvec = hungarian(C) = 1 \quad 2 \quad 3 \quad 4 \quad 5 \qquad (5.43)$$

可以看到，这种算法经第二次迭代就得到了正确的匹配结果，而采用径向距离按对数分割的间隔算法时是在第三次迭代才得到正确的匹配结果。由此可知，改变径向分割点的位置可以提高非刚体点匹配的效果。也就是说，新的方法收敛于全局最优点的速度得到了提高。

5.3.2　一周内分割的扇形个数的影响分析

形状上下文的另一个参数是一周内分割的扇形个数。在形状上下文的原始定义中，一周内是分割为 12 个扇形的，如图 5.1 所示。其实分割的扇形个数并非越多越好，表面上看，一周内扇形个数越多，形状上下文的表达能力就越强，匹配就越精确；但是，非刚体匹配中两个点集中的点与周围点的关系都存在局部甚至全局变形，越精确的描述反而越不利于点对应关系的确定，不具备一定"容错能力"的匹配无法使优化算法收敛于全局最优点。本节用改变一周内分割的扇形个数的办法来讨论其对非刚体点匹配结果的影响。

如果保持径向距离按对数分割不变，将一周内分割的扇形个数由原来的 12 个改为 10 个，也就是每个扇形的弧度由原来的 30°变为现在的 36°，这样处理后的距离矩阵不会有变化，但是点集 1 的角度矩阵变为式（5.44）：

$$\boldsymbol{\theta}_q = \begin{pmatrix} 1 & 1 & 10 & 9 & 9 \\ 6 & 1 & 8 & 8 & 8 \\ 5 & 3 & 1 & 9 & 9 \\ 4 & 3 & 4 & 1 & 9 \\ 4 & 3 & 4 & 4 & 1 \end{pmatrix} \tag{5.44}$$

点集 2 的角度矩阵也相应地变为式（5.45）：

$$\boldsymbol{\theta}_q = \begin{pmatrix} 1 & 2 & 10 & 10 & 10 \\ 7 & 1 & 8 & 9 & 9 \\ 5 & 3 & 1 & 9 & 9 \\ 5 & 4 & 4 & 1 & 9 \\ 5 & 4 & 4 & 4 & 1 \end{pmatrix} \tag{5.45}$$

将式（5.44）、式（5.45）分别和式（5.5）、式（5.10）相比较，可以看到大部分的元素减小了，最大值不会超过 10，第一次迭代得到的价值函数矩阵为

$$\boldsymbol{C} = \begin{pmatrix} 0.5000 & 0.5000 & 0.5556 & 0.7778 & 0.7143 \\ 0.7500 & 0.5000 & 0.7778 & 0.7778 & 0.7143 \\ 0.7778 & 0.5556 & 0 & 0.6000 & 0.7500 \\ 0.7778 & 0.7778 & 0.6000 & 0.2000 & 0.2500 \\ 0.7143 & 0.7143 & 0.7500 & 0.2500 & 0 \end{pmatrix} \tag{5.46}$$

通过匈牙利算法求得最优解为

$$cvec = hungarian(\boldsymbol{C}) = 1 \quad 2 \quad 3 \quad 4 \quad 5 \tag{5.47}$$

可以看到，第一次迭代就可以得到正确的匹配结果。从这个结果看，比单独改变径向分割点位置的效果还要好。当一周内分割的扇形个数改变为 6 个，也就是每个扇形的弧度为 60° 时，点集 1 的角度矩阵变为式（5.48）：

$$\boldsymbol{\theta}_q = \begin{bmatrix} 1 & 1 & 6 & 6 & 6 \\ 4 & 1 & 5 & 5 & 5 \\ 3 & 2 & 1 & 5 & 5 \\ 3 & 2 & 2 & 1 & 5 \\ 3 & 2 & 2 & 2 & 1 \end{bmatrix} \tag{5.48}$$

式（5.48）和式（5.10）比较，每个元素差不多是其对应元素的 0.5 倍，这是由于一周内分割的扇形个数是原来的一半造成的结果。

相应地，点集 2 的角度矩阵如式（5.49）：

$$\boldsymbol{\theta}_q = \begin{bmatrix} 1 & 1 & 6 & 6 & 6 \\ 4 & 1 & 5 & 5 & 6 \\ 3 & 2 & 1 & 6 & 6 \\ 3 & 2 & 3 & 1 & 6 \\ 3 & 3 & 3 & 3 & 1 \end{bmatrix} \tag{5.49}$$

结合各自的距离矩阵可得到各自的形状上下文矩阵，由此可以求得价值函数矩阵，如式（5.50）：

$$\boldsymbol{C} = \begin{bmatrix} 0 & 0.7500 & 0.3333 & 0.5556 & 0.7143 \\ 0.7500 & 0 & 0.7778 & 0.7778 & 0.7143 \\ 0.7778 & 0.3333 & 0.4000 & 0.6000 & 0.5000 \\ 0.7778 & 0.5556 & 0.6000 & 0.4000 & 0.5000 \\ 0.7143 & 0.7143 & 0.5000 & 0.5000 & 0.6667 \end{bmatrix} \tag{5.50}$$

用匈牙利算法求解，可以得到式（5.51）：

$$cvec = hungarian(\boldsymbol{C}) = 1 \quad 2 \quad 3 \quad 5 \quad 4 \tag{5.51}$$

第二次迭代可得基准点集的角度矩阵如式（5.52）：

$$\boldsymbol{\theta}_q = \begin{bmatrix} 1 & 1 & 6 & 6 & 6 \\ 4 & 1 & 5 & 6 & 5 \\ 3 & 2 & 1 & 6 & 6 \\ 3 & 3 & 3 & 1 & 3 \\ 3 & 2 & 3 & 6 & 1 \end{bmatrix} \tag{5.52}$$

点集 2 的情况不变，这样可得到新的价值函数矩阵，如式（5.53）：

$$\boldsymbol{C} = \begin{pmatrix} 0.4248 & 0.7778 & 0.5000 & 0.8000 & 0.7500 \\ 0.5556 & 0.3333 & 0.6000 & 0.8000 & 0.7500 \\ 0.3333 & 0.7778 & 0.2000 & 0.4000 & 0.5000 \\ 0.7778 & 0.7778 & 0.8000 & 0.5000 & 0.3214 \\ 0.7778 & 0.7778 & 0.6000 & 0.2000 & 0.2500 \end{pmatrix} \tag{5.53}$$

在上面价值函数矩阵的基础上得到的匹配结果仍然同式（5.51）相同，即第 4 点和第 5 点交叉匹配，这说明前两次迭代得到的是错误的结果。以点集 1 映射后的结果作为基准点集进行第三次迭代，可得基准点集的角度矩阵，如式（5.54）：

$$\boldsymbol{\theta}_q = \begin{pmatrix} 1 & 1 & 6 & 6 & 6 \\ 4 & 1 & 5 & 5 & 5 \\ 3 & 2 & 1 & 6 & 6 \\ 3 & 2 & 3 & 1 & 3 \\ 3 & 2 & 3 & 6 & 1 \end{pmatrix} \tag{5.54}$$

点集 2 的情况同样保持不变，可得价值函数矩阵，如式（5.55）：

$$\boldsymbol{C} = \begin{pmatrix} 0.4248 & 0.7778 & 0.5000 & 0.8000 & 0.7500 \\ 0.7778 & 0.2479 & 0.8000 & 0.8000 & 0.7500 \\ 0.4701 & 0.7778 & 0.3333 & 0.3333 & 0.5000 \\ 0.7778 & 0.7778 & 0.6000 & 0.2000 & 0.2500 \\ 0.7778 & 0.7778 & 0.6000 & 0.2000 & 0.2500 \end{pmatrix} \tag{5.55}$$

此次迭代得到的匹配结果为

$$cvec = hungarian(\boldsymbol{C}) = 1 \quad 2 \quad 3 \quad 4 \quad 5 \tag{5.56}$$

上述说明，当一周内分割的扇形个数为 6 时，和原始的形状上下文定义的一周内分割的扇形个数为 12 时的结果是相同的，都是经过三次迭代才得到正确的匹配结果。尽管迭代次数没有减少，但是由于一周内分割的扇形个数减少，形状上下文矩阵的大小减到原来的一半，运算量还是比原来少了很多，这样有利于匹配速度的提高。

这里可以考虑一种极端情况，即在整个圆周范围内不进行分割，这样做的结果就是形状上下文由原来的两个参数退化为一个参数，即只考虑径向分布的影响，不再考虑角度参数。这样做的好处之一就是形状上下文矩阵不再是稀疏矩阵，点集 1 和点集 2 的形状上下文矩阵相同，如式（5.57）：

$$\boldsymbol{S}_1 = \boldsymbol{S}_2 = \begin{pmatrix} 0 & 1 & 2 & 0 & 1 \\ 0 & 1 & 1 & 1 & 1 \\ 0 & 1 & 1 & 2 & 1 \\ 0 & 2 & 0 & 2 & 1 \\ 0 & 1 & 0 & 1 & 1 \end{pmatrix} \qquad (5.57)$$

用每一行的总点数做分母进行归一化处理，结果如下：

$$\boldsymbol{S}_{1n} = \boldsymbol{S}_{2n} = \begin{pmatrix} 0 & 0.2500 & 0.5000 & 0 & 0.2500 \\ 0 & 0.2500 & 0.2500 & 0.2500 & 0.2500 \\ 0 & 0.2000 & 0.2000 & 0.4000 & 0.2000 \\ 0 & 0.4000 & 0 & 0.4000 & 0.2000 \\ 0 & 0.3330 & 0 & 0.3330 & 0.3330 \end{pmatrix} \qquad (5.58)$$

相应的价值函数矩阵如式（5.59）：

$$\boldsymbol{C} = \begin{pmatrix} 0 & 0.1667 & 0.2698 & 0.4710 & 0.4286 \\ 0.1667 & 0 & 0.0256 & 0.1642 & 0.1429 \\ 0.2698 & 0.0256 & 0 & 0.1333 & 0.1364 \\ 0.4701 & 0.1624 & 0.1333 & 0 & 0.0227 \\ 0.4286 & 0.1429 & 0.1364 & 0.0227 & 0 \end{pmatrix} \qquad (5.59)$$

通过匈牙利算法求得最优解为

$$cvec = hungarian(\boldsymbol{C}) = 1 \quad 2 \quad 3 \quad 4 \quad 5 \qquad (5.60)$$

可以看到，这里也是第一次迭代就可以求得全局最优点。既然简化参数可以得到更好的结果，那么在实际的非刚体点匹配过程中就可以尝试这样的办法，在得到最好结果的情况下还可以减少运算量，从而提高匹配速度。这里要说明一点，不同的点集中点的分布特征并不相同，不能将上面的讨论结果简单地应用到所有的非刚体点匹配的过程中，参数的优化要根据实际情况来进行选择，这是一个需要进一步讨论的问题。

5.3.3　两个参数同时改变时的影响分析

前面讨论的是径向分割点位置和一周内分割的扇形个数两者中单独一个改变时对非刚体点匹配的影响，这一节讨论当两个参数同时改变时对非刚体点匹配的影响。为简单起见，先讨论第一种情况，即径向均匀分布，一周内分割为6 个扇形时的情况。略去前面的过程，直接写出其第一次迭代得到的价值函数矩阵，如式（5.61）：

$$C = \begin{bmatrix} 0 & 0.7500 & 0.5556 & 0.7778 & 0.7143 \\ 0.7500 & 0 & 0.7778 & 0.7778 & 0.7143 \\ 0.7778 & 0.3333 & 0.4000 & 0.8000 & 0.7500 \\ 0.7778 & 0.5556 & 0.6000 & 0.4000 & 0.5000 \\ 0.7143 & 0.7143 & 0.5000 & 0.5000 & 0.6667 \end{bmatrix} \tag{5.61}$$

通过匈牙利算法可得两个点集之间的匹配关系，如式（5.62）：

$$cvec = hungarian(C) = 1 \quad 2 \quad 3 \quad 5 \quad 4 \tag{5.62}$$

第二次迭代得到的价值函数矩阵如式（5.63）：

$$C = \begin{bmatrix} 0.3333 & 0.7778 & 0.8000 & 0.8000 & 0.7500 \\ 0.7778 & 0.5556 & 0.8000 & 0.8000 & 0.7500 \\ 0.4701 & 0.7778 & 0.6000 & 0.8000 & 0.7500 \\ 0.7778 & 0.7778 & 0.6000 & 0.8000 & 0.7500 \\ 0.7778 & 0.7778 & 0.6000 & 0.8000 & 0.7500 \end{bmatrix} \tag{5.63}$$

其匹配结果如式（5.64）：

$$cvec = hungarian(C) = 1 \quad 2 \quad 3 \quad 4 \quad 5 \tag{5.64}$$

可以看到，第二次迭代就可以得到正确的匹配结果，对照式（5.56）可知，当只是改变一周内分割的扇形个数为 6，保持径向距离按对数分割不变时，需要三次迭代才可以得到正确的匹配，二者之间进行比较，结果有所不同。

上面讨论的是两个点集分别包含 5 个点时的情况，当点集中包含的点数增多时会是怎样的情况？在这里，两个点集各取 35 个点进行匹配实验，原始点集如图 5.10 所示。

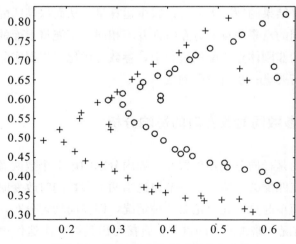

图 5.10　各由 35 个点组成的两个点集

在两个点集的匹配过程中，当形状上下文按径向均匀分割、一周内分割成 12 个扇形区域来进行时，其第一次迭代得到的对应关系如图 5.11 所示。

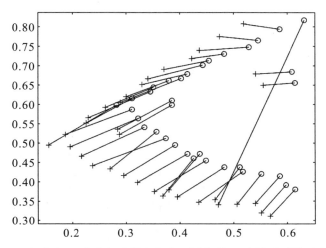

图 5.11　两个由 35 个点组成的点集在一周分成 12 个扇形时的对应关系

两个点集通过 5 次迭代后仍然不能得到正确的匹配，图 5.12 是其最后得到的对应关系和空间变换结果。

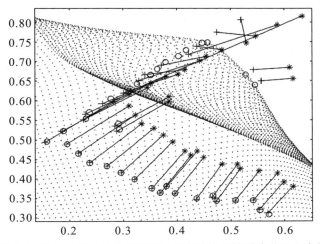

图 5.12　两个由 35 个点组成的点集在经过 5 次迭代后的对应关系和空间变换结果

如果保持径向均匀分割不变，将一周内分割成 8 个扇形区域，用这样的参数来进行基于形状上下文的非刚体点匹配，对于上面的两个点集，第一次迭代就可以得到正确的对应关系，结果如图 5.13 所示。

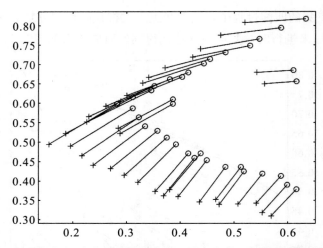

图 5.13　两个由 35 个点组成的点集在一周内分成 8 个扇形时的对应关系

当一周内分割的扇形个数为 4 时，情况如图 5.14 所示。

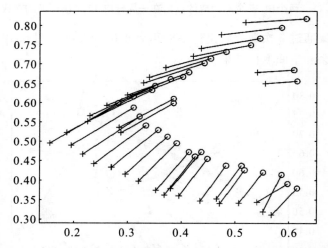

图 5.14　两个由 35 个点组成的点集在一周内分成 4 个扇形时的对应关系

观察图 5.14 可以发现，除其右下角有一个错误的对应关系外，其余点之间的对应关系都是正确的。此种情况下第二次迭代就可以得到正确的匹配结果，如图 5.15 所示。

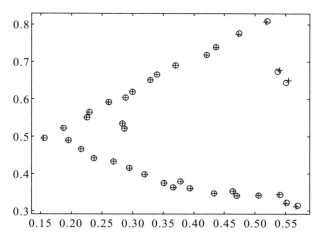

图 5.15　两个由 35 个点组成的点集在一周内分成 4 个扇形时的匹配结果

由图 5.15 可以看到，点集 1 的点都准确无误地被映射到了点集 2 中的对应点上去。这些例子充分说明，形状上下文的参数确定是一个仍然需要深入研究的课题。

整个 5.4 节都在讨论形状上下文的两个参数，即径向分割点的位置和一周内分割的扇形个数的变化对基于形状上下文的非刚体点匹配过程的影响。在原始的形状上下文中，径向距离是按对数分割的，这样的分割能对离观察点近的点起更大的作用。实际上通过观察发现，在不同的点集分布特性下，这种分割方法并不一定总是有利于非刚体点匹配，有时按均匀分割的效果会更好。对于一周内分割的扇形个数在原始的定义里为 12 个，但是研究发现，当这个数字减少时效果会更好一些。同时，由于形状上下文的矩阵减小，匹配的运算量也会减少，从而提高匹配的速度。

5.4　存在局外点时形状上下文用于非刚体点匹配的讨论

这里可以让点集 1 取 5 个点，点集 2 取 6 个点，这样的两个点集进行匹配时相当于点集 2 中有一个"多余"的局外点，两个点集如图 5.16 所示。

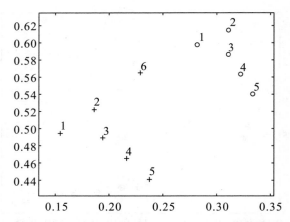

图 5.16 存在局外点（5 个点对 6 个点）时需要配准的两个点集

存在局外点的情况下，由于两个点集的点个数不一样，所以在构造价值函数矩阵时如果还用原来的方法就没有办法形成一个方阵，因为指配问题的求解需要一个方阵作为输入条件，这种情况下需要"补齐"才可以形成方阵。本节采用直接在价值函数矩阵上补一个常数的方法来完成。比如在空缺的位置补 0.15，会形成式（5.65）所示的价值函数矩阵：

$$C = \begin{pmatrix} 0.2000 & 0.6000 & 0.6000 & 0.8000 & 0.7778 & 0.7778 \\ 0.8000 & 0.2000 & 0.8000 & 0.8000 & 0.7778 & 0.7778 \\ 0.8182 & 0.4545 & 0.4545 & 0.8182 & 0.8000 & 0.8000 \\ 0.8182 & 0.6364 & 0.6364 & 0.6364 & 0.5000 & 0.8000 \\ 0.7778 & 0.7778 & 0.5556 & 0.5556 & 0.7500 & 0.7500 \\ 0.1500 & 0.1500 & 0.1500 & 0.1500 & 0.1500 & 0.1500 \end{pmatrix} \tag{5.65}$$

虽然经过 5 次迭代，但都没有得到正确的匹配结果。其最后的匹配结果如图 5.17 所示。

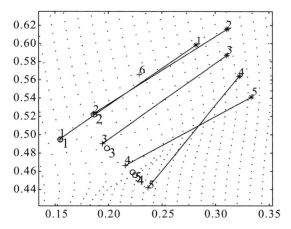

图 5.17　存在局外点（5 个点对 6 个点）时最后的匹配结果

但是当用 0.6 来"补齐"价值函数矩阵的空缺时，在第三次迭代就可以得到正确的匹配结果。这个问题应该是出在匈牙利函数的寻优过程中。

$$cvec = hungarian(\mathbf{C}) = 1 \quad 2 \quad 3 \quad 5 \quad 4 \quad 6 \qquad (5.66)$$

但是当把一周内分割的扇形个数设定为 8 时，即使用 0.15 来"补齐"价值函数矩阵的空缺，仍然可以在第一次迭代就得到正确的匹配结果，如图 5.18 所示。

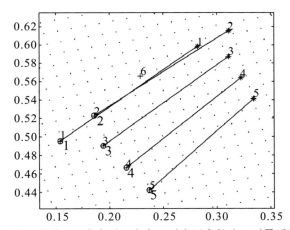

图 5.18　存在局外点（5 个点对 6 个点）时扇形个数为 8 时最后的匹配结果

局外点的存在从表面上看是增加了两个点集之间对应关系确定的难度，因为两个点集的点个数不相等，就无法建立起一一对应的关系，而实际上当点集 1 的点个数取 35，点集 2 的点个数取 36 时，尽管在前两次无法得到正确的匹配结果，但是第三次的匹配结果是正确的，这就与前面的认知产生了冲突。

图 5.19是其第一次迭代得到的对应关系，图 5.20 是其第三次迭代得到的空间变换结果。

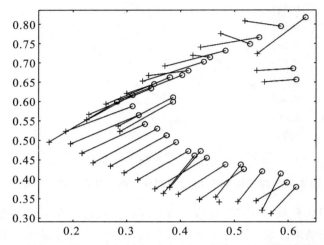

图 5.19 存在局外点（35 个点对 36 个点）时第一次迭代得到的对应关系

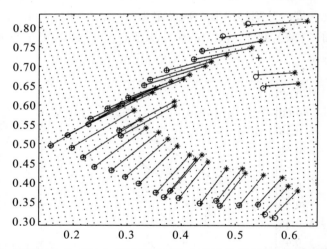

图 5.20 存在局外点（35 个点对 36 个点）时第三次迭代得到的空间变换结果

在点集的产生过程中，会因为各种各样的原因而在得到的两个待配准的点集中出现一些局外点，有时候也可能因为传感器的原因或者光照度的原因产生一些噪声点，在这些情况下，两个点集的匹配变得尤其困难，诸如此类的原因增加了非刚体点匹配的难度。

通过前面的讨论，可以将基于形状上下文的非刚体点匹配的过程进行总结。假设有两个待配准的点集 X 和 Y，我们的任务是将点集 X 通过空间变换

匹配到点集 Y 上去，首先需要设定基准点集 R，此点集是用来和点集 Y 进行点对应关系确定的。在此分别求 R 和 Y 的形状上下文，再通过二者的形状上下文形成价值函数矩阵，用匈牙利优化算法求得二者之间的点对应关系，此对应关系用来将点集 X 通过正则化薄板样条插值映射到点集 Z 上去，此点集将作为新的基准点集 R 进行下一次迭代运算，直到迭代次数大于预先设定的最大值为止。图 5.21 是其流程图。

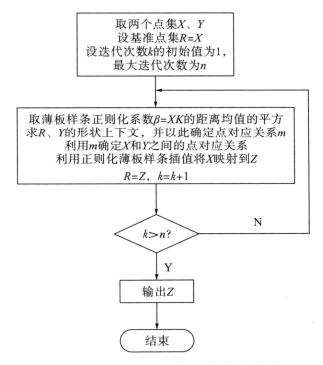

图 5.21　基于形状上下文的非刚体点匹配流程图

5.5　形状上下文与基于迭代最近点的方法比较

前面的章节已讨论了联合估计法中常用的一种方法，即基于迭代最近点的联合估计法，此方法的特点是为两个待配准的点集之中的每个点寻找在另一个点集中的最近点，通过双向寻找后确定点与点之间的对应关系。它和本章的基于形状上下文的方法的不同之处在于点对应关系的确定。基于形状上下文的方法确定的是"明确"的关系，即明确地指出在另一个点集中的哪个点是自己的对应点，而基于迭代最近点的方法通过双向对应以后得到的是一个相对"模糊"的对应关系，它指出的对应点可能在另一个点集中不是确定的一个点，而是几个点的综合位置，这样做的好处是不容易陷入局部极值点，但是也正是这种对应关系上的"模糊"有时会给匹配结果带来不利的影响。下面来讨论这两种方法之间的异同和特点。

要配准的点集（模板点集与目标点集）如图 5.22 所示。

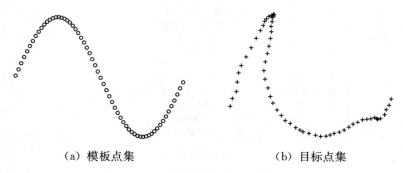

（a）模板点集　　　　　　　　（b）目标点集

图 5.22　模板点集与目标点集

为了讨论和叙述的方便，先采用抽样后的点集来进行配准实验。这两个待配准的点集各含 8 个点，如图 5.23 所示。

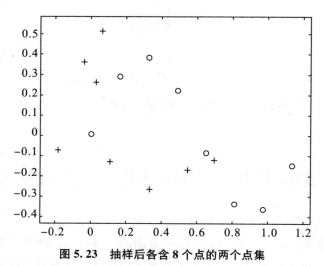

图 5.23　抽样后各含 8 个点的两个点集

如果按形状上下文的原始定义，一周内等分的扇形个数为 12 时，会发现这两个点集是永远配不准的。经过 5 次迭代后的空间变换如图 5.24 所示，可以看到，第 7 点和第 8 点的对应关系是错误的。

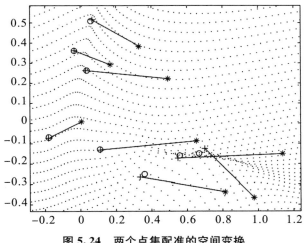

图 5.24　两个点集配准的空间变换

将一周内等分的扇形个数由原来的 12 改为 8 的时候，通过计算两个点集各自的形状上下文可得价值函数矩阵如下（保留两位小数）：

$$
\boldsymbol{C} = \begin{bmatrix}
0.20 & 0.55 & 0.87 & 0.38 & 0.87 & 0.73 & 0.87 & 0.87 \\
0.32 & 0.42 & 0.75 & 0.42 & 0.71 & 0.75 & 0.75 & 0.88 \\
0.69 & 0.16 & 0.32 & 0.40 & 0.88 & 0.88 & 0.75 & 0.75 \\
0.69 & 0.46 & 0.54 & 0.29 & 0.75 & 0.75 & 0.75 & 0.75 \\
0.71 & 0.88 & 0.88 & 0.75 & 0.33 & 0.52 & 0.45 & 0.45 \\
0.88 & 0.88 & 0.88 & 0.88 & 0.50 & 0.28 & 0.41 & 0.41 \\
0.88 & 0.75 & 0.88 & 0.88 & 0.50 & 0.28 & 0.28 & 0.41 \\
0.87 & 0.87 & 0.73 & 0.87 & 0.73 & 0.54 & 0.33 & 0.33
\end{bmatrix} \tag{5.67}
$$

对式（5.67）利用匈牙利算法求解，可得式（5.68）所示结果：

$$
cvec = hungarian(\boldsymbol{C}) = 1 \quad 2 \quad 3 \quad 4 \quad 5 \quad 6 \quad 7 \quad 8 \tag{5.68}
$$

可以发现第一次迭代就得到了正确的匹配。经 5 次迭代后的空间变换如图 5.25所示。

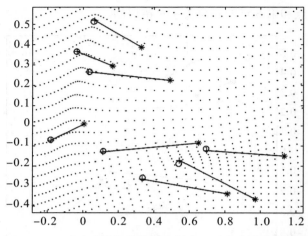

图 5.25 两个点集在一周扇形个数为 8 时配准的空间变换

如果对图 5.22 中的完整点集进行匹配可以得到如图 5.26 所示的最后匹配结果，为了将两种方法进行比较，将基于迭代最近点法配准的结果示于图 5.27。由图 5.26 和图 5.27 可以看到，尤其是在曲率大的地方和结尾部分，二者匹配效果相差明显。

图 5.26 基于形状上下文的两个完整点集配准的最后结果

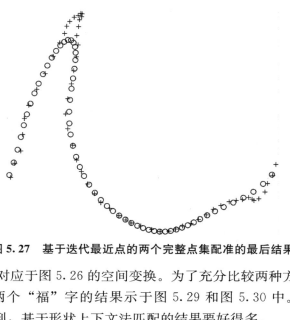

图 5.27　基于迭代最近点的两个完整点集配准的最后结果

图 5.28 是对应于图 5.26 的空间变换。为了充分比较两种方法的特点，此处将各自匹配两个"福"字的结果示于图 5.29 和图 5.30 中。由图 5.29 和图 5.30可以看到，基于形状上下文法匹配的结果要好得多。

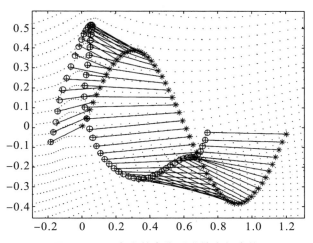

图 5.28　两个完整点集配准的空间变换

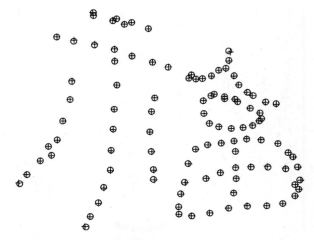

图 5.29　基于形状上下文法配准的两个"福"字

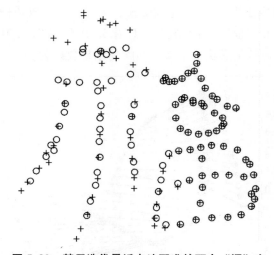

图 5.30　基于迭代最近点法配准的两个"福"字

5.6　本章小结

本章讨论了形状上下文在非刚体点匹配中的应用，用具体的点集说明了用形状上下文进行非刚体点匹配的过程和步骤，对形状上下文中起关键作用的两个参数——径向分割点位置和一周内分割的扇形个数对非刚体点匹配的影响进行了分析和讨论，所有的这些讨论都说明了非刚体点匹配仍然是目前难以处理的一个问题，同样的参数设置对于不同的点集会有不同的效果和影响，无法做出一个统一的可以解决所有非刚体点匹配问题的框架。大部分的优化都是基于所讨论问题本身特点和条件的。由于实际的成像条件不同，用以成像的传感器的特点各异。在实际应用中被用来处理的图像将更加复杂，这些问题的存在为我们将来在这方面的研究提供了更加广阔的天地，同时也是推动我们更进一步研究的动力。和刚体图像配准相比，非刚体图像配准还有许多工作要做。

参考文献

[1] Bhogall A S P, Goodenough D G, Dyk A, et al. Extraction of forest attribute information using multisensor data fusion techniques: A case study for a test site on Vancouver Island, British Columbia [J]. IEEE Pacific Rim Conference on Communications, Computers and Signal Processing, 2001, 2: 674−680.

[2] Liu Q J, Takeuchi N. Vegetation inventory of a temperate biosphere reserve in China by image fusion of landsat TM and SPOT HRV [J]. Journal of Forest Research, 2001, 6 (3): 139−146.

[3] 陈东, 李飚, 沈振康. SAR 与可见光图像融合算法的研究 [J]. 系统工程与电子技术, 2000, 22 (9): 5−7.

[4] Daily M I, Farr T G, Elachi C, et al. Geologic interpretation from composited radar and Landsat imagery [J]. Photogrammetric Engineering and Rmote Sensing, 1979, 45 (8): 1109−1116.

[5] Laner D T, Todd W J. Land cover mapping with merged Landsat RBV and MSS stereoscopic images [C]. San Francisco : Proc. of the ASP Fall Technical Conference, 1981: 680−689.

[6] Brown L G. A survey of image registration techniques [J]. Computing Surveys, 1992, 24 (4): 325−376.

[7] Van den Elsen P A, Pol E J D, Viergever M A. Medical image matching—A review with classification [J]. IEEE Engineering in Medicine and Biology Magazine, 1993, 12 (1): 26−39.

[8] Rosenfeld A, Kak A C. Digital Picture Processing. Vol. I and II [M]. New York and London: Academic Press, 1982.

[9] Barnea D I, Silverman H F. A class of algorithms for fast digital image registration [J]. IEEE Transactions on Computers, 1972, C−21 (2): 179−186.

[10] Thévenaz P, Urs E R, Unser M. A pyramid approach to subpixel registration based on intensity [J]. IEEE Transactions on Image Processing, 1998, 7 (1): 27−41.

[11] Alliney S. Spatial registration of multispectral and multitemporal digital imagery using fast-Fourier transform techniques [J]. IEEE Transactions on Pattern Analysis and Machine Intelligence, 1993, 15 (5): 499−504.

[12] Lee D J, Krile T F, Mitra S. Digital Registration Techniques for Sequential Fundus Images [J]. IEEE Proceedings of SPIE: Applications of Digital Image Processing, 1987: 293−300.

[13] Castro E D, Morandi C. Registration of translated and rotated images using finite Fourier transforms [J]. IEEE Transactions on Pattern Analysis and Machine Intelligence, 1987, 9 (5): 700−703.

[14] Reddy B S, Chatterji B N. An FFT-based technique for translation, Rotation, and scale-invariant image registration [J]. IEEE Transactions on Image Processing, 1996, 5 (8): 1266−1271.

[15] Bracewell R N, Chang K Y, Jha A K, et al. Affine theorem for two-dimensional Fourier transform [J]. Electronics Letters, 1993, 29 (3): 304.

[16] Kruger S A, Calway A D. A multiresolution frequency domain method for estimating affine motion parameters [C]. Lausanne: Proc. IEEE International Conference on Image Processing, 1996.

[17] Yang Z W, Cohen F S. Image registration and object recognition using affine invariants and convex hull [J]. IEEE Transactions on Image Processing, 1999, 8 (7): 934−946.

[18] Stockman G C, Kopstein S, Benett S. Matching images to models for registration and object detection via clustering [J]. IEEE Transactions on Pattern Analysis and Matchine Intelligence, 1982, 4 (3): 229−241.

[19] Goshtasby A. A symbolically-assisted approach to digital image registration with application in computer vision [M]. East Lansing: Michigan State University, 1983.

[20] Ohlander R, Suk T. A moment-based approach to registration of image with affine geometric distoration [J]. IEEE Transactions on Geoscience

and Remote Science，1994，32（2）：382—387.

[21] Ton J，Jain A K. Registring Landset images by point matching [J].
IEEE Transactions on Geoscience and Remote Sensing，1989，27（5）：
642—651.

[22] Robert G K. Cubic convolution interpolation for digital image processing
[J]. IEEE Transactions on Acoustics Speech and Signal Processing，
1981，29（6）：1153—1160.

[23] Maes F，Collignon A，Vandermeulen D，et al. Multimodality image
registration by maximization of mutual information [J]. IEEE Trans，
Medical Imageing，1997，16（2）：187—198.

[24] Collignon A. Multi-modality medical image registration by maximization
of mutual information [D]. Belgium：Catholic University of
Leuven，1998.

[25] 翟海亭，吴晓娟，彭彰. 一种改进的基于互信息的三维医学图像配准的
方法 [J]. 山东大学学报（工学版），2006，36（4）：33—36.

[26] Tang L，Hamarneh G，Celler A. Co-registration of bone CT and SPECT
images using mutual information [J]. IEEE International Signal
Processing and Information Technology，2006，8：116—121.

[27] Kim J，Fessler J A. Intensity-based image registration using robust
correlation coefficients [J]. IEEE Transactions on Medical Imaging，
2004，23（11）：1430—1444.

[28] Studholme C，Hill D L G，Hawkes D. An overlap invariant entropy
measures of 3D medical image alignment [J]. Pattern Recognition，
1999，32（1）：71—86.

[29] Kern J P，Pattichis M S. Robust multispectral image registration using
mutual-information models [J]. IEEE Transactions on Geoscience and
Remote Sensing，2007，45（5）：1494—1505.

[30] Wells Ⅲ W M，Viola P，Atsumi H，et al. Multi-modal volume
registration by maximization of mutual information [J]. Medical Image
Analysis，1996，1（1）：35—51.

[31] Meyer C R，Boes J L，Kim B，et al. Demonstration of accuracy and
clinical versatility of mutual information for automatic multimodality
image fusion using affine and thin-plate spline warped geometric

deformations [J]. Medical Image Analysis，1997，1（13）：195−206.

[32] Kybic J，Vnucko I. Approximate all nearest neighbor search for high dimensional entropy estimation for image registration [J]. Signal Processing，2012，92（5）：1302−1316.

[33] Wong A，Fieguth P. Fast phase-based registration of multimodal image data [J]. Signal Processing，2009，89（5）：724−737.

[34] Chui H，Rangarajan A. A new point matching algorithm for non-rigid registration [J]. Computer Vision and Image Understanding，2003，89：114−141.

[35] 贾棋，高新凯，罗钟铉，等. 基于几何关系约束的特征点匹配算法 [J]. 计算机辅助设计与图形学学报，2015，27（8）：1388−1397.

[36] 黄滢，陈建胜，汪承义. 有约束 Patch-Match 框架下的非刚体匹配算法 [J]. 中国图象图形学报，2018，23（10）：1518−1529.

[37] Hibbard L S，Hawkins R A. Objective image alignment for three-dimensional reconstruction of digital autoradiograms [J]. Journal of Neuroscience Methods，1988，26（1）：55−74.

[38] Ballard D H. Generalized hough transform to detect arbitrary patterns [J]. IEEE Transactions on Pattern Analysis and Machine Intelligence，1981，13（2）：111−122.

[39] Huttenlocher D P，Klanderman G A，Rucklidge W J. Comparing images using the Hausdorff distance [J]. IEEE Transactions on Pattern Analysis and Machine Intelligence，1993，15（9）：850−863.

[40] Besl P J，McKay N D. A method for registration of 3D shapes [J]. IEEE Transactions on Pattern Analysis and Machine Intelligence，1992，14（2）：239−256.

[41] Belongie S，Malik J，Puzicha J. Shape matching and object recognition using shape contexts [J]. IEEE Transactions on Pattern Analysis and Machine Intelligence，2002，24，509−522.